JN016420

Raspberry Piによる IoTシステム開発実習

センサネットワーク構築からwebサービス実装まで

永田　武［著］

森北出版

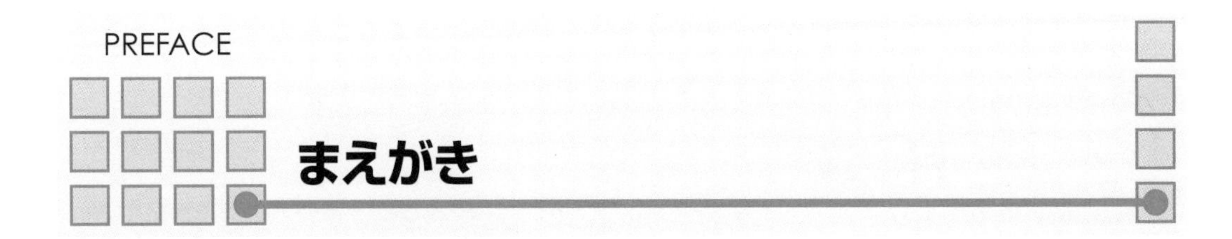

まえがき

本書は，大学，短大と高等専門学校の学生の方や，IoT（Internet of Things）に興味をもたれている幅広い年齢層の方を対象として記述したものです．IoTは，「モノのインターネット」とよばれるように，テレビ・冷蔵庫などの家電，自動車・電車・飛行機などの乗り物，医療機器，オフィス機器，ロボットなど，あらゆるモノがインターネットにつながり，そこから得られる膨大なデータを収集・分析・活用することによって，人々の暮らしや企業活動に便益をもたらすことが期待されている技術です．すでに，全国の各地域において，IoTを実装することによって，地域活性化や地域課題解決を実現しようとする試みが実施されています．その分野は，教育，農林水産業，地域ビジネス，観光，防災，医療・介護・健康など多くの分野に広がっています．

IoTの技術を実装するためには，ハードウェアとソフトウェアの両方の技術が必要となりますが，これらの技術を短期間で修得するのはなかなか大変です．しかし，最近ではRaspberry Piという入手が容易で安価な小型コンピュータを利用すると，そのI/Oピンを利用したデータの入出力や，PythonやJavaなどを用いた実用的なソフトウェアの構築が比較的容易に体験できます．

本書は，学校においては，週1回の半期で履修できる程度の内容になっています．前半ではハードウェアとソフトウェアに関連した基礎的な内容を説明し，後半では応用として「環境データ監視システム」の構築を行います．実用的な内容となっていますので，卒業研究などの場面でも役に立つと思います．自分の手でブレッドボードを用いた回路を作成し，ソフトウェアを記述して動作を確認すると理解が深まると思います．本書がIoT学習への扉となれば，著者にとって望外の喜びです．

最後に，本書の出版の機会を与えていただいた森北出版株式会社に厚くお礼申し上げます．

2020年8月

永田　武

CONTENTS

目 次

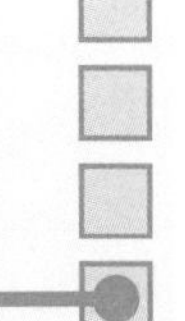

CHAPTER 1 Raspberry Pi の特徴とIoT システム開発

本章では，Raspberry Pi（ラズベリーパイ）の特徴と，Raspberry Pi でできること，IoT システムの構成，開発環境の整備（物品の準備，OS のインストール），Raspberry Pi のピン配置について述べる．Raspberry Pi は，ARM プロセッサを搭載したシングルボードコンピュータであり，英国のラズベリーパイ財団によって開発されている．日本語では略称としてラズパイともよばれている．

1.1 Raspberry Pi とは

(1) Raspberry Pi の特徴

Raspberry Pi は，2012 年 2 月に英国で誕生した手のひらサイズの小型コンピュータであり，学校でコンピュータ科学の教育を促進することを意図して開発されたものである．価格が 35 ドルと安価であったこともあり大人気となり，販売開始から 20 か月後の 2013 年 10 月末には販売台数が 200 万台となった．その後もさまざまなモデルも開発されており，2019 年末では 3000 万台となっている．

現状でも小型コンピュータは数多く存在しているが，プロのエンジニア向けが大半であり，利用するためには豊富な知識を必要としている．Raspberry Pi は，初心者でも容易に扱えるように，その敷居を下げることに成功した小型コンピュータである．

Raspberry Pi には以下のような特徴がある．

- OS のインストールが容易である．2020 年 3 月に「Raspberry Pi Imager」が公開され，OS のインストールが，これまでの「NOOBS」というツールに比較して格段に簡単かつ高速になった．
- 豊富な入出力ピン（GPIO: general purpose input/output）をもつ．このために，電子部品を直接接続して容易に監視制御システムの構築が可能である．このようなシステムは，これまで PC と入出力ピンを有するマイコンを組み合わせて構築せざるを得なかったが，Raspberry Pi のみでも可能になった．
- 小型で消費電力が少ない．このために，Raspberry Pi をサーバとして用いることが可能である．
- Linux（Debian）ベースの OS が稼働する．したがって，Linux の豊富なソフトウェアの利用が可能である．
- 安価であるので教育用にも適している．

●技術基準適合証明を受けているので，製品への組み込みも可能である．

(2) Raspberry Pi の種類

Raspberry Pi は，表 1.1 に示すように多くの種類がある．本書は，Raspberry Pi 3 Model B+（OS: buster）に基づいて説明しているが，Raspberry Pi Zero，Raspberry Pi 4 Model B でも動作検証を行っている．ただし，第 11 ～ 12 章の内容は処理が重たいため，Raspberry Pi Zero での実行はできない．価格は，Raspberry Pi 3 本体，microSD カード，AC アダプタの合計で，7,000 円程度である（2020.7 現在）．

表 1.1　Raspberry Pi の種類（一部）

種　類	発売年月
Raspberry Pi 1 Model A	2013.2
Raspberry Pi 1 Model A+	2014.11
Raspberry Pi 1 Model B	2012.2
Raspberry Pi 1 Model B+	2014.7
Raspberry Pi 2 Model B	2015.2
Raspberry Pi Zero	2015.11
Raspberry Pi 3 Model B	2016.2
Raspberry Pi Zero W	2017.2
Raspberry Pi Zero WH	2018.1
Raspberry Pi 3 Model B+	2018.3
Raspberry Pi 4 Model B	2019.6

(3) Raspberry Pi 3 Model B+ の外観と仕様

図 1.1 および表 1.2 に，Raspberry Pi 3 Model B+ の外観とおもな仕様を示す．

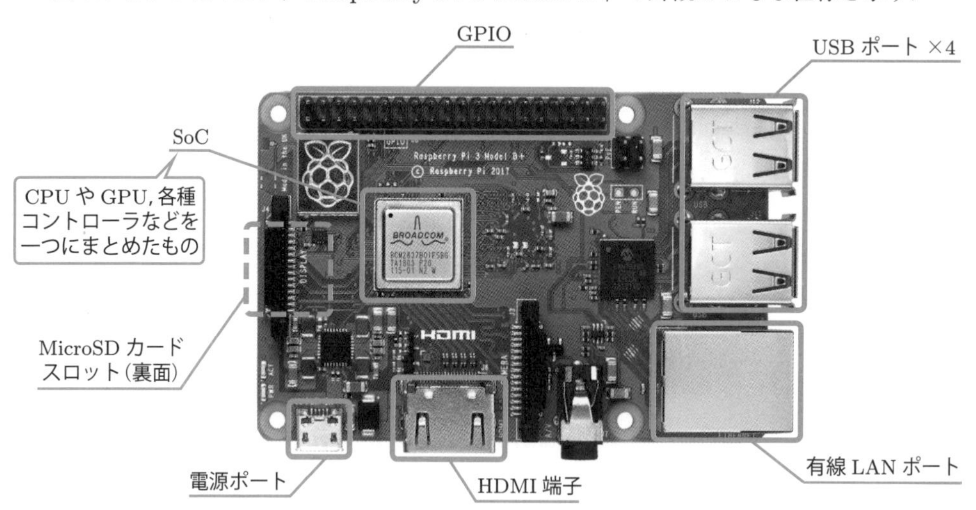

図 1.1　Raspberry Pi 3 Model B+ の外観

表 1.2　Raspberry Pi 3 Model B+ のおもな仕様

SoC	Broadcom BCM2837B0
CPU	1.4 GHz クアッドコア Cortex-A53
メモリ	1 GB DDR2 450 MHz 低電圧 SDRAM
USB	USB2.0 ポート × 4
ストレージ	MicroSD カードスロット × 1
電源	Micro USB-B 5 V 2.5 A
最大消費電力	約 12.5 W
技適番号	007-AG0046

1.2 Raspberry Pi でできること

Raspberry Pi を用いると，以下のようなことが行える．

① 電子回路の試作・実験が容易に行える．

ブレッドボードとジャンパーワイヤを用いることで，電子回路の試作・実験が容易に行える．

ブレッドボードは，部品やワイヤを差し込むことで簡単に電子回路を作成できるようにした板のことである．図 1.2 のように内部で接続されていることに注意して，部品のピンを挿入し，図 1.3 のジャンパーワイヤで結合することによって，電子回路を作成する．ブレッドボードの赤色を電源に接続し，青色を GND（グラウンド）

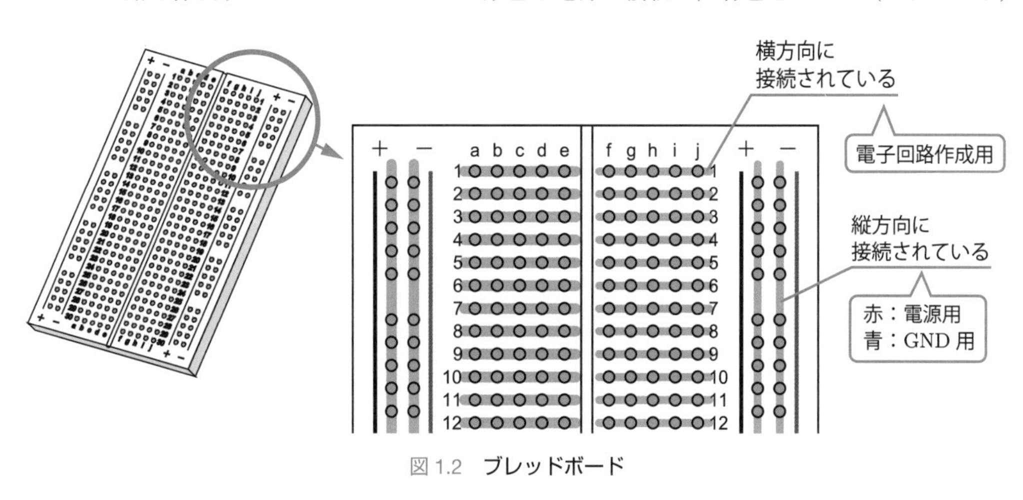

図 1.2　ブレッドボード

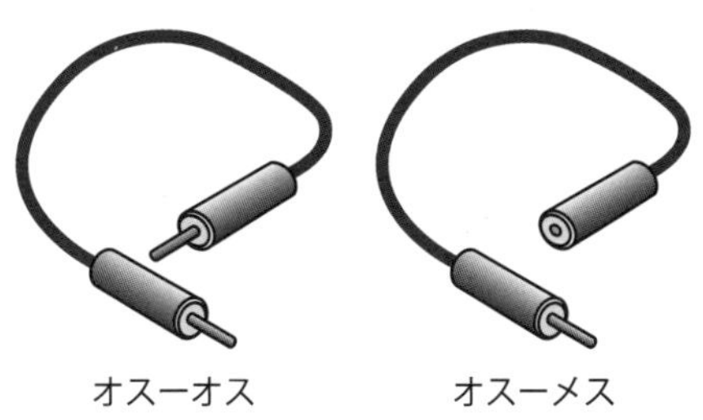

図 1.3　ジャンパーワイヤ

として利用する.

② ディジタル入力を用いたプログラム開発が容易に行える.

センサは，ディジタル出力とアナログ出力のものに大別される．このうちディジタル出力のセンサは，最大電圧が 3.3 V であることに注意すると，Raspberry Pi の GPIO ピンに直接接続できる．たとえば，人感センサとして利用できる「焦電型赤外線センサモジュール（焦電人感センサ，M-09750）」は，電源電圧を 3.0 V で使用すると検知出力電圧：2.5 V（検知時），0 V（非検知時）であるので直接 Raspberry Pi に接続できる．また，I^2C，SPI，UART などを用いたプログラム開発も容易に行える．第 3 章で I^2C，第 4 章で SPI を説明する.

③ アナログ入力もディジタルに変換することにより，②と同様にプログラム開発が容易に行える.

Raspberry Pi にはアナログ入力はできないが，第 5 章で説明するアナログ･ディジタル変換（ADC）を用いれば，アナログ出力のセンサの値を入力することができる．一般に，センサはディジタル出力よりアナログ出力のほうが安価である．AD コンバータの価格を考えても，安価なシステムを開発することができる．たとえば，第 5 章ではアナログ温度センサ（LM61CIZ）の利用方法を説明している.

④ 近距離無線信号を入力としたプログラム開発が容易に行える.

ZigBee や TWELITE を用いた無線信号を入力することによって，複数のセンサ（遠隔側）からのデータを Raspberry Pi に収集し，データベースに保存し，可視化することもできる．第 7 章では XBee，第 8 章で TWELITE を用いたディジタル・アナログセンサデータの収集方法を説明する.

⑤ インターネットからの情報を入力としたプログラム開発が容易に行える.

Raspberry Pi は , Linux が動作しているので，インターネットからの情報の収集も容易である．センサからのデータに加えてインターネットからのデータも収集することにより，付加価値のある処理を行うこともできる．たとえば，気象データや雲画像データなどと，日射センサなどを組み合わせることで，日射予測システムなどの開発も可能になる.

⑥ ディジタル出力のプログラム開発が容易に行える.

Raspberry Pi のディジタル出力から取り出すことのできる電流は，端子あたり 16 mA（合計で 50 mA）である．この制限電流以内であれば LED などの点消灯などが可能である．また，モータの制御などには外部電源による「ドライバ」を，家電製品のスイッチングのためには「リレーモジュール」を準備すれば，ディジタル出力で制御できる．第 2 章では LED の点消灯，第 6 章ではモータの起動停止の方法を説明する.

⑦ アナログ出力も疑似ディジタル信号に変換すると，⑥と同様にプログラム開発が容易に行える.

Raspberry Pi はアナログ出力はできないが，第 6 章で説明するパルス幅変調（PWM）を用いれば，疑似アナログ信号を出力できる．この方法を用いると，第 6 章で説明するように，LED の明るさ制御，DC モータの速度制御，サーボモータの角度制御などが行える．

⑧ 近距離無線信号を出力するプログラム開発が容易に行える．
ZigBee や TWELITE を用いた無線信号を入力することによって，複数の遠隔側の機器を動かすことができる．XBee にはディジタル出力 10 ピン，TWELITE にはディジタル出力 8 ピンが割り当てられている．

⑨ インターネットへ情報を発信するプログラム開発が容易に行える．
Raspberry Pi は，Linux が動作しているので，Apache/PHP などを用いるとウェブブラウザを用いたシステムの構築も可能である．

図 1.4 は，上記で説明した Raspberry Pi のデータ（信号）の入出力をまとめたものである．

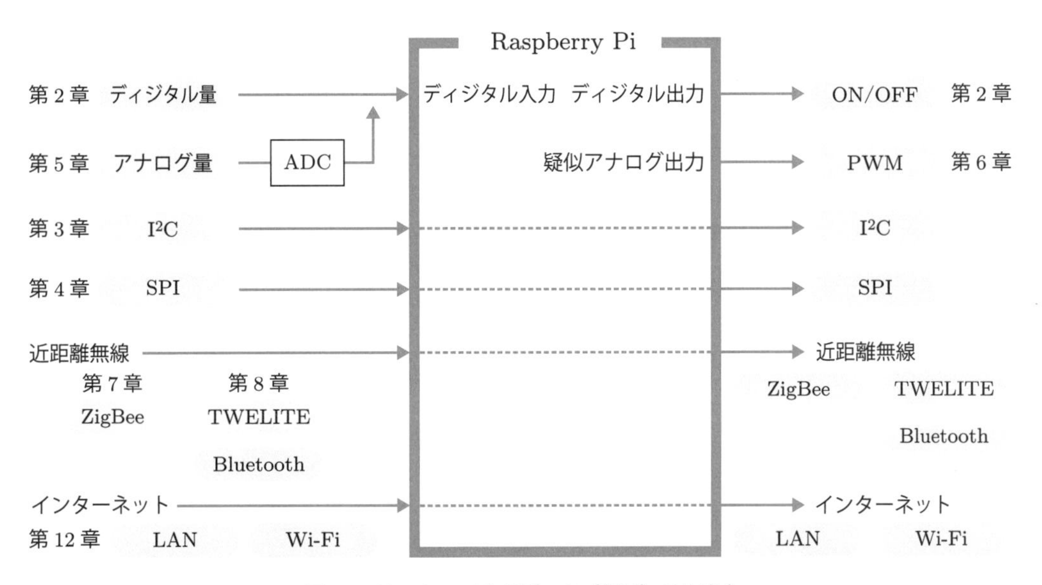

図 1.4　Raspberry Pi のデータ（信号）の入出力

このように，Raspberry Pi でできることは多岐にわたるので，限られた紙数ですべてを網羅するのは困難である．そのため，本書では IoT システム開発の入門実習として，以下のような内容に絞ってある．

① OS のインストールは，操作が簡単な Raspberry Pi Imager を用いた方法に限定している．

② プログラムの大半は，Python3 を用いている．コメントに沿って読んでいただくと理解が可能だと思われるが，不明な場合は，他書を参照していただきたい．

③ 第 12 章では，Web サーバの構築を実施するので，Apache と PHP についての知識が必要である．また，データの可視化のために JavaScript のプログラムを用いている．いずれも，インストールと動作確認方法を説明しているので理解が可能だと思われるが，不明な場合は，インターネットなどから情報を得ていただきたい．

④ また，Raspberry Pi の OS として Raspbian を使用しているので，Linux の基本的なコマンドの知識が必要である．ひととおり理解したい方は，他書を参照していただきたい．

1.3 IoT システムの構成

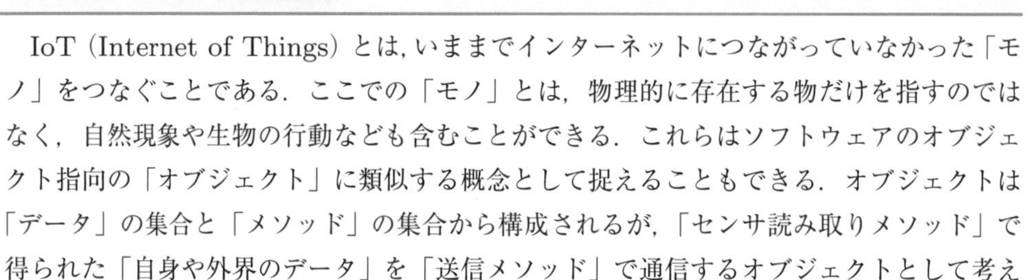

IoT（Internet of Things）とは，いままでインターネットにつながっていなかった「モノ」をつなぐことである．ここでの「モノ」とは，物理的に存在する物だけを指すのではなく，自然現象や生物の行動なども含むことができる．これらはソフトウェアのオブジェクト指向の「オブジェクト」に類似する概念として捉えることもできる．オブジェクトは「データ」の集合と「メソッド」の集合から構成されるが，「センサ読み取りメソッド」で得られた「自身や外界のデータ」を「送信メソッド」で通信するオブジェクトとして考える．このようなオブジェクトを「モノ」として捉えればよい．

遠隔の人感センサを有する「モノ」は動物の動きを発信してくれるし，照度センサを有する「モノ」は夜に部屋の明かりが点灯したかを発信してくれる．このような「モノ」たちが自律的に情報発信することによって，新しい機能を有するシステムの構築が可能になりそうである．

IoT とは，「モノ」と「モノ」がネットワークを介して接続し，相互に情報交換し，自律的な動作を実現できるシステム形態である．そのシステム形態は，その構成方式に着目すると，図 1.5 に示す三つに大別される．

① センサ・アクチュエータを含む「モノ」どうしのみが接続する形態

② 複数の「モノ」の情報を収集し意思決定を行う「モノ」を，上位の「モノ」と接続する形態

③ 広域に分散する「モノ」とクラウド上のサーバが接続する形態

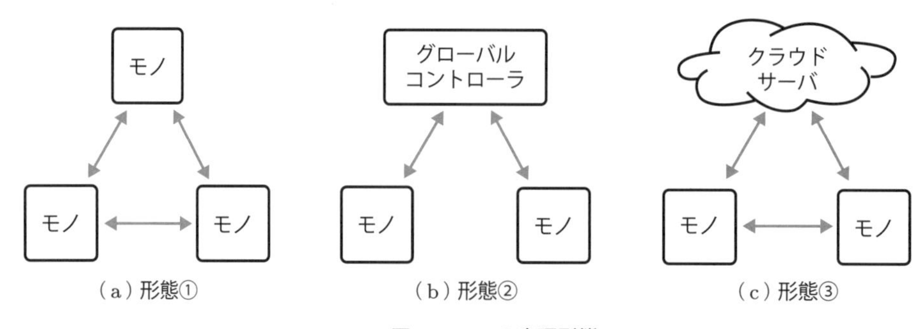

図 1.5　IoT の実現形態

①は「モノ」が完全に平等な関係での接続形態であるので完全分散型システムとみなせる．②は比較的小規模のコンピュータ・ネットワークのクライアント・サーバシステムに類似し,「モノ」とグローバルコントローラの接続形態である．③は「モノ」とクラウドサーバが接続する形態であり，利用者はサーバを準備する必要がないという利点もある．どの形態を採用するかはシステムの導入目的とデータ量に依存することになる．

1.4 Raspberry Pi による IoT システムの実現形態

Raspberry Pi は, すでに述べたようにLinuxが稼働する小型コンピュータであるので, 図 1.5 に示した三つの IoT 実現形態の要素になりうる．

① 「モノ」としての Raspberry Pi（図 1.5 の「モノ」に対応）：
各種のセンサデータの入力や，アクチュエータへの出力信号を Raspberry Pi の GPIO ピンから直接出力する．かなりの能力を有する「モノ」であるので，自律分散システムとして捉えることができる．

② グローバルコントローラ（図 1.5 の「グローバルコントローラ」に対応）：
複数の箇所の「モノ（XBee や TWELITE など)」と通信して，センサデータの受信や制御信号の送信を行うために Raspberry Pi をグローバルコントローラとして位置づける．Raspberry Pi には相当量のデータが収集されるので，何らかの意思決定をして，その結果を「モノ」にフィードバックすることも可能である．

③ クラウドサーバ（図 1.5 の「クラウドサーバ」に対応）：
大量のデータをクラウド運営業者のサーバに保管してもらうサービスを利用すると，自分でサーバを準備する必要がないという利点がある．しかし，小規模なシステムであれば Raspberry Pi をクラウドサーバとして利用することも可能である．この場合には，複数の箇所の「モノ（XBee や TWELITE など)」から近距離無線などで収集されたデータを Raspberry Pi で収集し，そこからインターネット経由でサーバ機能をもたせた Raspberry Pi にデータを転送するという方法をとればよい．

1.5 開発環境の整備

(1) 物品の準備

本書により IoT 実習を行うためには，電子パーツを購入する必要がある．表 1.3 におもな電子パーツなどのオンラインショップを示したので，参考にしてほしい．

表 1.4 に，本書で利用する全章共通の物品を示す．通販コードは，秋月電子通商のものである．また，参考のために価格を記載しているが，2020.7 現在のものである．なお，その他の必要な物品は，各章でその都度示すことにする．そのほか，ディスプレイと HDMI ケーブルや，設定に必要な Windows PC などは各自で用意されたい．

表 1.3　オンラインショップ（一部）

ショップ名	URL
秋月電子通商	http://akizukidenshi.com/
RS コンポーネンツ	https://jp.rs-online.com/
Raspberry Pi Shop by KSY	https://raspberry-pi.ksyic.com/
スイッチサイエンス	https://www.switch-science.com/
マルツオンライン	https://www.marutsu.co.jp/
せんごくネット通販	https://www.sengoku.co.jp/
共立エレショップ	https://eleshop.jp/
ロボショップ	https://www.robotshop.com/

表 1.4　本書で用いる物品（全章共通）

No.	物　品	秋月電子通商の通販コード	価　格（2021.8 現在）
1	Raspberry Pi 3 Model B+	M-13470	5,800 円
2	microSD カード　16 GB	S-15845	780 円
3	スイッチング AC アダプタ　5 V 3 A	M-12001	700 円
4	ブレッドボード	P-00315	270 円
5	ジャンパーワイヤ	P-00288	400 円
6	ジャンパーワイヤ（オス－オス）セット	C-05159	220 円
7	ジャンパーワイヤ（オス－メス）（赤）	C-08933	220 円
8	ジャンパーワイヤ（オス－メス）（黒）	C-08932	220 円

(2) OS のインストール

Raspberry Pi 公式ドキュメントには，インストール方法や初期設定などが記載されている．OS のインストール方法は，頻繁に更新されているので，作業の開始前には公式ドキュメントを確認することが望ましい．

OS のダウンロードとインストールの手順を以下に示す．この内容は下記の公式ドキュメントに従っている（2020.7 現在）．

https://www.raspberrypi.org/documentation/

Raspberry Pi Imager のダウンロード

1）OS をインストールする 16 GB 程度の microSD カードと，図 1.6 のような「microSD から SD への変換アダプタ」を準備する．

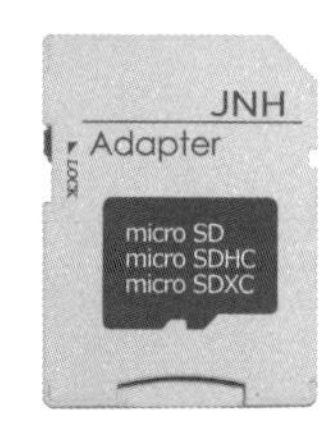

図 1.6　microSD/SD 変換アダプタ

2) Windows PC のスロットに microSD カードを挿入する．空のフォルダが開くので，そのままにしておく．
3) https://www.raspberrypi.org/downloads/ にアクセスし，「Raspberry Pi Imager for Windows」をクリックして，Raspberry Pi Imager をダウンロードする（図 1.7）．

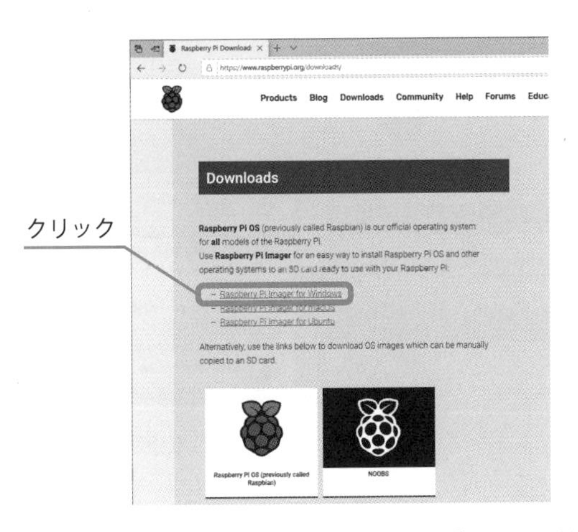

図 1.7　Windows 用 Raspberry Pi Imager のダウンロード

Raspberry Pi Imager のセットアッププログラムの実行

1) ダウンロードフォルダの「imager.exe」をダブルクリックする．
2) 「このアプリがデバイスに変更を加えることを許可しますか？」の警告メッセージが表示される．「はい」を選択すると，「Welcome to Raspberry Pi Imager Setup」画面が表示されるので，「Install」をクリックする．しばらくすると，「Completing Raspberry Pi Imager Setup」画面が表示されるので，「Finish」をクリックする（図 1.8）．

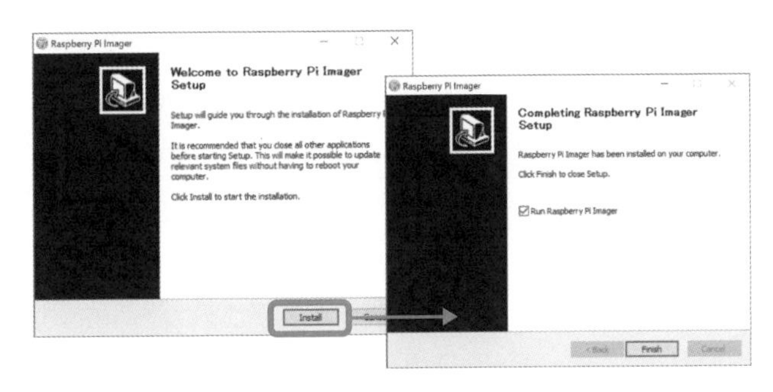

図 1.8　Raspberry Pi Imager のインストール

3) インストールが終了したので，「Raspberry Pi Imager」を起動すると，「このアプリがデバイスに変更を加えることを許可しますか？」の警告メッセージが表示される．「はい」を選択すると，「Raspberry Pi Imager」の起動画面が表示される．「CHOOSE OS」をクリックし，一番上の「Raspberry PI OS（32-bit)」を選択する（図 1.9）．

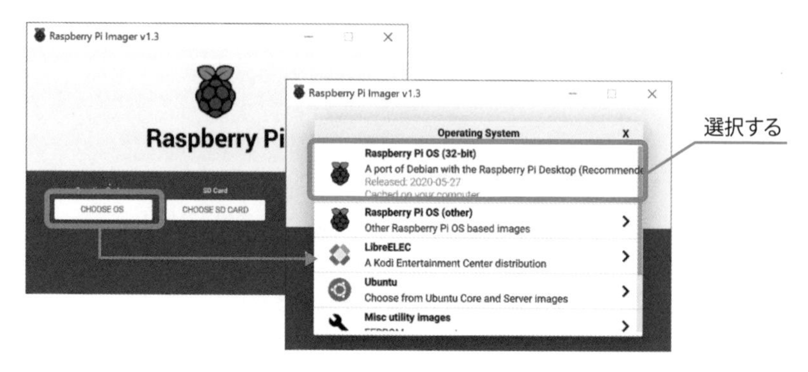

図 1.9　OS を選択する

4) 次に，「CHOOSE SD CARD」をクリックすると，先ほど Windows PC のスロットに挿入した microSD カードが表示されるので選択する（図 1.10）．

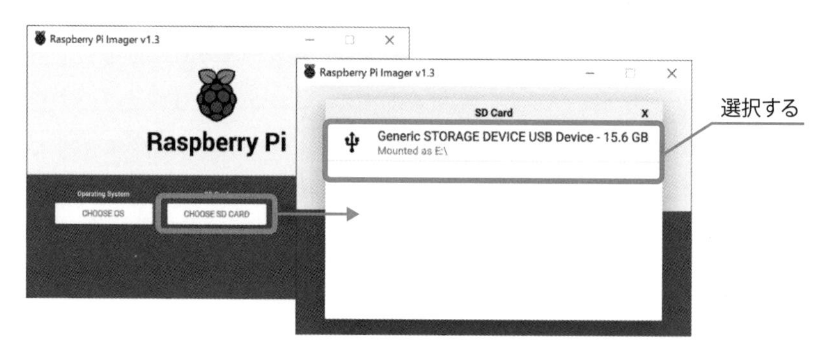

図 1.10　microSD カードを選択する

5) OS と SD カードの選択が終了すると図 1.11 左の画面表示になるので，「WRITE」をクリックすると，インストールが開始される．OS イメージの書き込み状況はプログレスバーで表示される．100%になると，引き続いて Verifying が開始されるので，完了画像が表示されたら microSD カードを取り出す．以降は，この microSD カードを，使用する Raspberry Pi に挿入して用いる．

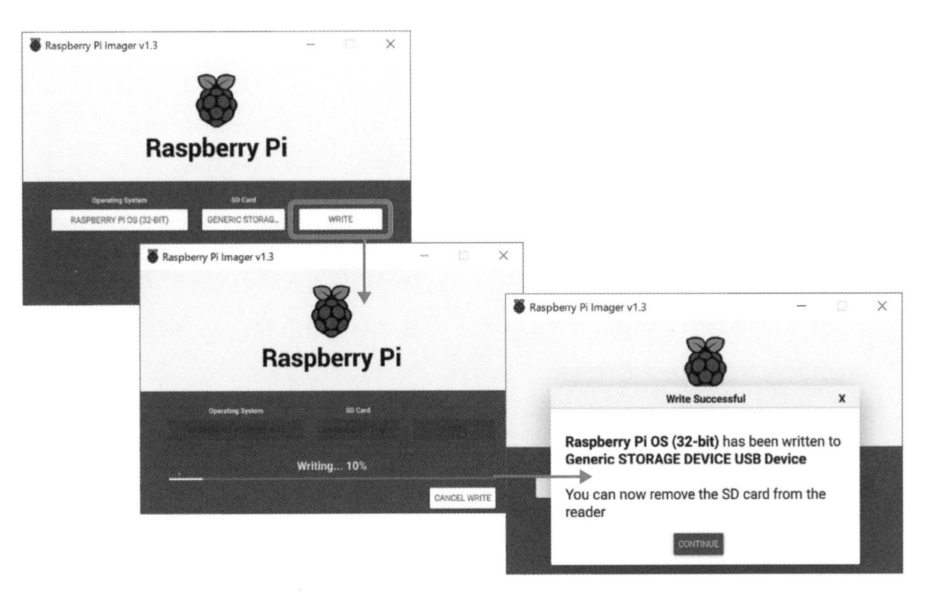

図 1.11 「Raspberry Pi Imager」の OS イメージ書き込み画面

環境の確認

1) OS の確認： ここでは二つの方法を示す．まず，OS をインストールした microSD を Raspberry Pi に挿入し，ターミナルを立ち上げる．起動方法は，ディスプレイ上部の「黒い長方形」のシンボルをクリックする．Raspberry Pi では LXTerminal を用いている．

① 以下を入力する．

```
cat /etc/debian_version
```

実行結果 `10.1`

② 以下を入力する．

```
sudo apt-get install lsb-release
lsb_release -a
```

実行結果 `Raspbian GNU/Linux 10 (buster)`

2) Python のバージョンの確認： Python2 と Python3 の両方がインストールされている．

① Python2 のバージョン確認

```
python -V
```

実行結果 `Python 2.7.16`

② Python3 のバージョン確認

```
python3 -V
```

実行結果 `Python 3.7.3`

本書のプログラムは，Python3 を用いている．

システムの停止方法

1) システムの停止の二つの方法を示す．

① 左上の「ラズベリーマーク」をクリックし,「Shutdown」をクリックする.
② 以下を入力する.

```
sudo shutdown -h now
```

2) 以上でシステムが停止するが，基板上の緑のLEDの点滅が停止し，ディスプレイ上に「シグナルが検出されません」と表示されれば，完全に停止しているので，電源を取り外す.

3) システムが停止する際に，OSの後処理が実施されるので，すぐに電源を取り外さないこと．完全に停止してから電源を取り外さないと，起動しなくなる場合があるので注意すること.

1.6 Raspberry Piのピン配置

(1) 基本事項

Raspberry Piの強力な機能は，ボード上のGPIO（汎用入力出力）ピン列により実現される．最近のRaspberry Piは，「40ピンGPIOヘッダー」となっている．2014年発売以前は，短い「26ピンGPIOヘッダー」で構成されていた．図1.12にRaspberry Pi 3 Model B+の物理的ピン番号を示す.

任意のGPIOピンをソフトウェアで入力または出力ピンとして指定し，幅広い目的に使用できる．表1.5にピンの説明を示す.

2	4	6	8	10	12	14	16	18	20	22	24	26	28	30	32	34	36	38	40
1	3	5	7	9	11	13	15	17	19	21	23	25	27	29	31	33	35	37	39

図1.12　Raspberry Pi 3 Model B+の物理的ピン番号

表 1.5 **ピンの説明**

ピンの種類	説 明
電圧ピン	2 個の 5 V ピンと，2 個の 3.3 V ピン，そして 8 個の GND ピン（0 V）がある．残りのピンは，すべて汎用 3.3 V ピンである．出力は 3.3 V，入力は 3.3 V トレラントである（入力電圧が 3.3 V まで可能）．
出力ピン	出力ピンとして指定された GPIO ピンは，HIGH（3.3 V）または LOW（0 V）に設定できる．
入力ピン	入力ピンとして指定された GPIO ピンは，HIGH（3.3 V）または LOW（0 V）として読み取ることができる．これは，内部プルアップまたはプルダウン抵抗を使用することで簡単になる．ピン GPIO2 および GPIO3 には固定プルアップ抵抗が接続されている．ほかのピンの場合は，ソフトウェアプルアップやプルダウンを設定できる．
PWM ピン	すべてのピン： ソフトウェア PWM GPIO12，GPIO13，GPIO18，GPIO19： ハードウェア PWM
SPI ピン	2 系統ある． SPI0： OSI (GPIO10)，MISO (GPIO9)，SCLK (GPIO11)，CE0 (GPIO8)，CE1（GPIO7） SPI1： MOSI（GPIO20），MISO（GPIO19），SCLK（GPIO21），CE0（GPIO18），CE1（GPIO17），CE2（GPIO16）
I^2C ピン	データ（GPIO2），クロック（GPIO3）
EEPROM データ	データ（GPIO0），クロック（GPIO1）
シリアル	TX（GPIO14），RX（GPIO15）

(2) GPIO ピン配列

どのピンがどのピンであるかを認識することが重要である．ピンラベル印刷をして使用することが望ましい．

図 1.13 に Raspberry Pi の 40 ピン GPIO ヘッダーのピン配列を示す．後述のように，GPIO ピンの指定方法には 3 種類ある．本書では BCM ピン番号を GPIO 番号として用いて，配線等の説明に物理的ピン番号を併用する．

GPIO ヘッダのピン配列は，Raspberry Pi のターミナルウィンドウからも，「pinout」と「gpio readall」の 2 種類のコマンドによりピン配置が確認できる．

物理的ピン番号	BCM ピン番号	WiringPi ピン番号	説明
2			5.0V DC 電圧ピン
4			5.0V DC 電圧ピン
6			GND
8	14	15	GPIO 14 TxD(UART)
10	15	16	GPIO 15 RxD(UART)
12	18	1	GPIO 18 PCM_CLK/PWM0
14			GND
16	23	4	GPIO 23
18	24	5	GPIO 24
20			GND
22	25	6	GPIO 25
24	8	10	GPIO 8 CE0(SPI)
26	7	11	GPIO 7 CE1(SPI)
28	1	31	SCL0 (I2C ID EEPROM)
30			GND
32	12	26	GPIO 12 PWM0
34			GND
36	16	27	GPIO 16
38	20	28	GPIO 20 PCM_DIN
40	21	29	GPIO 21 PCM_DOUT

物理的ピン番号	BCM ピン番号	WiringPi ピン番号	説明
1			3.3V DC 電圧ピン
3	2	8	GPIO 2 SDA1(I2C)
5	3	9	GPIO 3 SCL1(I2C)
7	4	7	GPIO 4 GPCLK0
9			GND
11	17	0	GPIO 17
13	27	2	GPIO 27
15	22	3	GPIO 22
17			3.3V DC 電圧ピン
19	10	12	GPIO 10 MOSI(SPI)
21	9	13	GPIO 9 MISO(SPI)
23	11	14	GPIO 11 SCLK(SPI)
25			GND
27	0	30	SDA0(I2C ID EEPROM)
29	5	21	GPIO 5 GPCLK1
31	6	22	GPIO 6 GPCLK2
33	13	23	GPIO 13 PWM1
35	19	24	GPIO 19 PCM_FS/PWM1
37	26	25	GPIO 26
39			GND

図 1.13　Raspberry Pi の 40 ピン GPIO ヘッダのピン配列

●`pinout`：

ターミナルウィンドウにて入力すると，図 1.14 が表示される．`pinout` コマンドでは，BCM 番号が GPIO 番号として表示される．

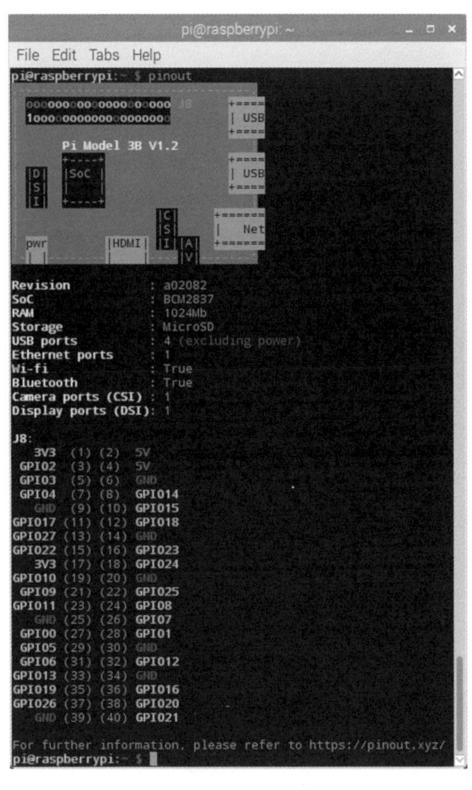

図 1.14　ピン配列（pinout コマンド）

● `gpio readall`：

ターミナルウィンドウにて入力すると，以下のように表示される．`gpio readall` コマンドでは，物理的ピン番号，BCM ピン番号，WiringPi ピン番号とともに，そのピンのモード `Mode` と状態 `V` も表示される．モードは `IN`（ディジタル入力），`OUT`（ディジタル出力）と I^2C や SPI などの拡張機能用として `ALT0~5` がある．状態は `1`（HIGH）と `0`（LOW）である．

```
gpio readall
```

実行結果

```
+-----+-----+---------+------+---+---Pi 3B+-+---+------+---------+-----+-----+
| BCM | wPi |   Name  | Mode | V | Physical | V | Mode | Name    | wPi | BCM |
+-----+-----+---------+------+---+----++----+---+------+---------+-----+-----+
|     |     |    3.3v |      |   |  1 || 2  |   |      | 5v      |     |     |
|   2 |   8 |   SDA.1 | ALT0 | 1 |  3 || 4  |   |      | 5v      |     |     |
|   3 |   9 |   SCL.1 | ALT0 | 1 |  5 || 6  |   |      | 0v      |     |     |
|   4 |   7 | GPIO. 7 |   IN | 1 |  7 || 8  | 0 | IN   | TxD     | 15  | 14  |
|     |     |      0v |      |   |  9 || 10 | 1 | IN   | RxD     | 16  | 15  |
|  17 |   0 | GPIO. 0 |   IN | 0 | 11 || 12 | 0 | IN   | GPIO. 1 | 1   | 18  |
|  27 |   2 | GPIO. 2 |   IN | 0 | 13 || 14 |   |      | 0v      |     |     |
|  22 |   3 | GPIO. 3 |   IN | 0 | 15 || 16 | 0 | IN   | GPIO. 4 | 4   | 23  |
|     |     |    3.3v |      |   | 17 || 18 | 0 | IN   | GPIO. 5 | 5   | 24  |
|  10 |  12 |    MOSI | ALT0 | 0 | 19 || 20 |   |      | 0v      |     |     |
|   9 |  13 |    MISO | ALT0 | 0 | 21 || 22 | 0 | IN   | GPIO. 6 | 6   | 25  |
|  11 |  14 |    SCLK | ALT0 | 0 | 23 || 24 | 1 | OUT  | CE0     | 10  | 8   |
|     |     |      0v |      |   | 25 || 26 | 1 | OUT  | CE1     | 11  | 7   |
```

```
|   0 |  30 |   SDA.0 |   IN | 1 | 27 || 28 | 1 | IN   | SCL.0   | 31  | 1   |
|   5 |  21 | GPIO.21 |   IN | 1 | 29 || 30 |   |      | 0v      |     |     |
|   6 |  22 | GPIO.22 |   IN | 1 | 31 || 32 | 0 | IN   | GPIO.26 | 26  | 12  |
|  13 |  23 | GPIO.23 |   IN | 0 | 33 || 34 |   |      | 0v      |     |     |
|  19 |  24 | GPIO.24 |   IN | 0 | 35 || 36 | 0 | IN   | GPIO.27 | 27  | 16  |
|  26 |  25 | GPIO.25 |   IN | 0 | 37 || 38 | 0 | IN   | GPIO.28 | 28  | 20  |
|     |     |      0v |      |   | 39 || 40 | 0 | IN   | GPIO.29 | 29  | 21  |
+-----+-----+---------+------+---+----++----+---+------+---------+-----+-----+
| BCM | wPi |   Name  | Mode | V | Physical | V | Mode | Name    | wPi | BCM |
+-----+-----+---------+------+---+---Pi 3B+-+---+------+---------+-----+-----+
```

「gpio readall」は，WiringPi が古いと利用できない場合がある．その場合には，下記により WiringPi を新しくする．

```
cd
mkdir temp
cd temp
wget https://project-downloads.drogon.net/wiringpi-latest.deb
sudo dpkg -i wiringpi-latest.deb
```

1.7 実習例題

vim のインストールと vim 環境のセッティングを実施せよ．

今後，Raspberry Pi を用いてプログラムを作成するが，プログラムを作成するためにはエディタが必要である．Raspberry Pi には，使用方法が簡単な「leafpad」エディタがインストールされているので，そのエディタを用いてもよいが，本書では「vi」または「vim」を用いることを推奨する．vi は Linux 環境で人気があるエディタであり，最初から Raspberry Pi にインストールされている．また，vim は vi の上位互換の高機能エディタである．

(1) インストール

vim は以下のようにしてインストールする．

```
sudo apt-get install -y vim
```

(2) 環境設定

ログインディレクトリに下記の内容の隠しファイル「.vimrc」を作成する．各行の意味については（　）内に記載した．

付録 A.2 に「vi の利用方法」を示すので，それを参考に下記の内容を入力する．

隠しファイル（.vimrc）

```
set number                              # 行番号を表示する
set tabstop=2                           # Tab が対応する空白の数
```

```
set showmatch                       # 閉じ括弧が入力時，対応する開き括弧にジャンプする
syntax enable                       # キーワードをシンタックスハイライトする
set smartindent                     # 改行時に次の行のインデントを増減する
set shiftwidth=2                    # 自動で挿入されるインデントの空白の数
set showcmd                         # 入力中のコマンドを表示する
set whichwrap=b,s,h,l,<,>,[,],~     # 左右のカーソル移動で行をまたいで移動する
```

演習問題　付録 A.1 の「Linux コマンド入門」を参照して，ひととおり重要なコマンドが使えるようにせよ．

CHAPTER

2 ディジタル入出力

本章では，ディジタル入出力の方法について説明する．必要な基礎知識は，Linux コマンド，GPIO の BCM ピン番号，物理的ピン番号，オームの法則，プルアップ抵抗，プルダウン抵抗である．

本章で必要な物品を表 2.1 に示す．

表 2.1　第 2 章で用いる物品

No.	物　品	秋月電子通商の通販コード	価　格（2021.8 現在）
1	3 mm 赤色 LED OSR5JA3Z74A	I-11577	10 円
2	抵抗 120 Ω（100 本入）	R-16121	100 円
3	タクトスイッチ（白色）	P-03648	10 円

2.1 ディジタル入出力の基礎

コンピュータでは，入力される情報や出力される情報は，すべてディジタル信号で処理されている．したがって，電気的に ON/OFF でその状態を示すことができる情報は，コンピュータに入力することができ，逆にその状態をコンピュータから出力することもできる．本章では，ディジタル出力の例として LED の点消灯を，ディジタル入力の例としてタクトスイッチの状態（ON/OFF）の読み込みを実施する．このようなディジタル信号の入出力は，Raspberry Pi の GPIO を用いて行われる．

図 2.1 に「40 ピン GPIO ヘッダー」の外観を示す．

具体的なピン配置は，前述の図 1.13 を参照のこと．任意の GPIO ピンをソフトウェアで入力または出力ピンとして指定し，幅広い目的に使用できる．

図 2.1　40 ピン GPIO ヘッダー（Raspberry Pi 3 Model B+）

2.2 ディジタル出力

(1) LED

ディジタル出力のテストのためにLEDを用いる．表2.2はデータシートからのLEDの仕様抜粋である．

表2.2 LED（OSR5JA3Z74A）の仕様（抜粋）

項　目	値
標準電流［mA］	20
順方向電圧 V_f［V］（代表値）	2.1
逆耐圧［V］	5.0
許容損失 P_D（消費電力）［mW］	78
光度［mcd］（代表値）	330
ドミナント波長［nm］（代表値）	625
半値角（明るさが半分になる角度）［°］（代表値）	70

まず，LEDの利用方法を説明する．GPIOから出力される電流はRaspberry PiのSoCの仕様により決まっており，一つのGPIOあたり16 mA（合計50 mA）である．したがって，LEDはGPIO端子とは電流制限抵抗を介して接続する必要がある．その抵抗の値 R は，次式で計算される．

$$R = \frac{V_{cc} - V_f}{I_f} \ [\Omega] \tag{2.1}$$

ここで，V_{cc}:GPIOの出力電圧，V_f:LEDの順方向電圧，I_f:LEDの順方向電流である．

表2.2より，$V_f = 2.1$ V，$I_f = 0.02$ A（20 mA）であることがわかる．しかし，GPIOからの出力電流は前述のように16 mAであるので，I_fはこの値とするほうがよい．したがって，式(2.1)より，$R = (3.3 - 2.1)/0.016 = 75\ \Omega$ が得られる．電流制限抵抗 R は，75 Ω以上が望ましいが，本実習では安全性を高めて120 Ωを用いることにする．

図2.2にLED（OSR5JA3Z74A）の外観と接続方法を示す．

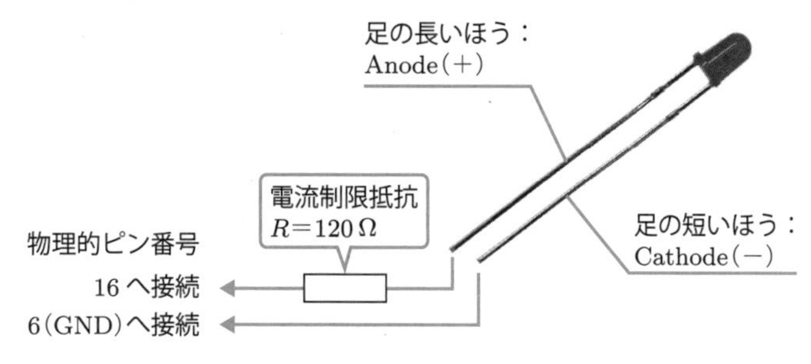

図2.2 LED（OSR5JA3Z74A）外観と接続方法

(2) 配　線

部品がそろったら図2.3のように配線する．ここでは，ディジタル出力をテストするLEDと，後述するディジタル入力をテストするタクトスイッチの両方を配線しておく．

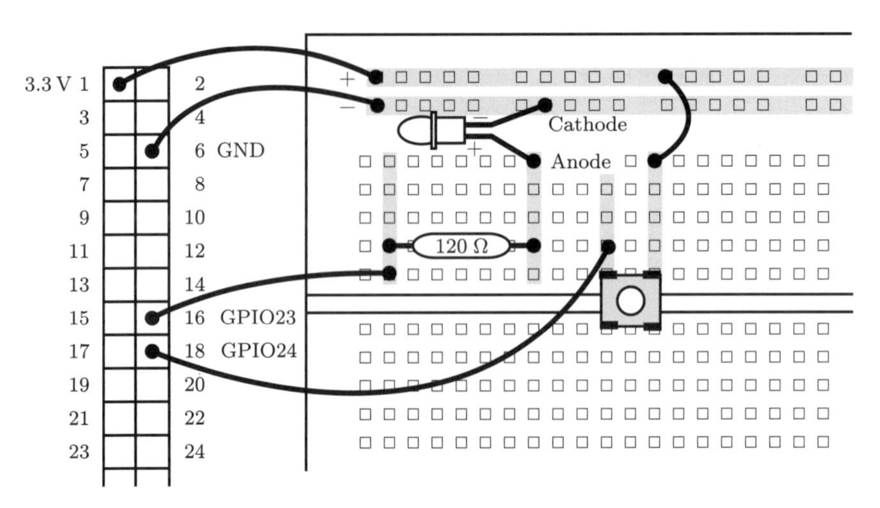

図 2.3　配線（LED とタクトスイッチ）

電源のジャンパ線は赤色，GND のジャンパ線は黒色のように配線すると誤りが少なくなる．また，LED は足の長いほうが Anode(+) である．LED や抵抗の足は，ショートしないように適切な長さにカットすることが望ましい．カットの際には，斜めにカットすればブレッドボードへの装着が容易になる．切れ端ははんだ付けで回路を組む場合のジャンパ線になるので，捨てずに取っておこう．

(3) コマンドラインによる GPIO 出力制御

ここでは，Raspberry Pi のターミナルウィンドウ上からコマンドラインによる GPIO 制御を説明する．コマンドラインによる GPIO 制御には，「echo コマンド」と「gpio コマンド」の 2 種類の方法がある．

● echo コマンド：

まず，「echo コマンド」を用いて，先ほど配線した GPIO23 の ON・OFF 制御による LED の点灯・消灯の方法を表 2.3 に示す．「echo コマンド」による方法は，リダイレクションを用いているので，Linux のファイルシステムを利用したものである．

表 2.3　echo コマンド（GPIO23 の ON・OFF 制御）

手　順	コマンド入力	結　果
1) 登録	`echo 23 > /sys/class/gpio/export`	
2) モード設定	`echo out > /sys/class/gpio/gpio23/direction`	
3) ON 制御	`echo 1 > /sys/class/gpio/gpio23/value`	点灯
4) OFF 制御	`echo 0 > /sys/class/gpio/gpio23/value`	消灯
5) 終了	`echo 23 > /sys/class/gpio/unexport`	

● gpio コマンド：

次に，「gpio コマンド」を用いて同様な GPIO 制御を行う．その手続きを表 2.4 に示す．-g は，BCM ピン番号を指定するオプションである．無指定だと Wiring

表 2.4 gpio コマンド（GPIO23 の ON・OFF 制御）

手　順	コマンド入力	結　果
1）モード設定	gpio -g mode 23 out	
2）ON 制御	gpio -g write 23 1	点灯
3）OFF 制御	gpio -g write 23 0	消灯

Pi ピン番号，-1 だと物理的ピン番号になる．

(4) プログラムによる GPIO 出力制御

さて，準備が整ったので，いよいよプログラムによる LED の点消灯を行う．これは，「エルチカ」とよばれているもので，プログラミング言語の「Hello world」に相当する入門的な内容である．

プログラム 2.1 に LED の点灯・消灯プログラムを示す．Python で GPIO を制御するプログラムを記述する場合は，プログラムの先頭で GPIO ライブラリのインポートが必要である．プログラムには，行ごとにコメントを入れてあるので参照してほしい．なお，プログラム作成時，# 以降の文字列はコメントなので入力は不要であるが，1 行目のコメントはプログラム名を記すことが望ましい．また，Python では定数はすべて大文字を使用し，関数は def で宣言する．

プログラム 2.1 LED の点灯・消灯（led.py）

```
# led.py       (p2-1)

import RPi.GPIO as GPIO  # RPi.GPIO モジュールを GPIO としてインポート
from time import sleep   # time モジュールからの sleep 関数のインポート

def main():                        # main 関数
  #-----------------------------------------------
  GPIO.setmode(GPIO.BCM)           # BCM ピン番号の使用宣言
  LED_PIN = 23                     # GPIO23 を LED ピンに設定
  #-----------------------------------------------
  #GPIO.setmode(GPIO.BOARD)        # 物理ピン番号の使用宣言
  #LED_PIN = 16                    # 物理ピン番号 16 を LED ピンに設定
  #-----------------------------------------------
  GPIO.setup(LED_PIN, GPIO.OUT)    # LED ピンを出力ピンに指定

  try:
    while True:                          # 無限ループ
      GPIO.output(LED_PIN, GPIO.HIGH)    # LED ピンを HIGH に指定（点灯）
      sleep(0.5)                         # 500ms スリープ
      GPIO.output(LED_PIN, GPIO.LOW)     # LED ピンを LOW に指定（消灯）
      sleep(0.5)                         # 500ms スリープ

  except KeyboardInterrupt:  # Ctrl+C で無限ループからの脱出
    pass                     # 何もしない

  GPIO.cleanup()  # GPIO ピンをクリーンアップ

if __name__ == "__main__":  # プログラムの起点
    main()
```

プログラムが完成したら，ターミナルウィンドウから下記のようにして動作させる．

```
Python3 led.py
```

LED が 500 ms ごとに点滅することが確認できる．このプログラムは Ctrl+C で動作を終了させることができる．また, 終了後は使用した GPIO をクリーンアップさせている．これをしないと，次回の動作時にワーニングエラーが出る．

プログラム中のコメントで記載しているように, GPIO のピン番号は,「BCM ピン番号」と「物理的ピン番号」がある．プログラムでどの種類のピン番号を使用するかの指定には，GPIO クラスの `setmode()` メソッドが用いられる．

```
BCMピン番号を使用：　GPIO.setmode(GPIO.BCM)
物理的ピン番号を使用：　GPIO.setmode(GPIO.BOARD)
```

プログラムを修正して（コメントを外して），「物理的ピン番号」でも動作を確認してほしい．先程と同じ動作が確認できる．また，このほかにも図 1.13 に記述した「WiringPi ピン番号」もある．Java による GPIO 制御はライブラリ Pi4J を利用すると可能になるが，その場合は，この番号を用いることになる．表 2.5 に GPIO 番号をまとめてある．

表 2.5　GPIO 番号

種　類	番号例	GPIO コマンドオプション	Python プログラムでの指定方法
BCM ピン番号	23	-g	GPIO.setmode (GPIO.BCM)
物理的ピン番号	16	-1	GPIO.setmode (GPIO.BOARD)
WiringPi ピン番号	4	無指定	WiringPi ライブラリのインストールが必要

2.3 ディジタル入力

(1) ディジタル入力の基礎

次に，GPIO の入力方法を説明する．まず，「プルアップ抵抗（pull-up resistor）」と「プルダウン抵抗（pull-down resistor）」について説明する．Raspberry Pi のすべての GPIO には，50 kΩ 程度の「内部プルアップ／プルダウン抵抗」が実装されており，ソフトウェアで使用／不使用を指定できるようになっている．資料によると，プルアップ抵抗は 50 kΩ ～ 65 kΩ，プルダウン抵抗は 50 kΩ ～ 60 kΩ である．

今回，ディジタル入力する GPIO24 にも，図 2.4 に示すように「内部プルアップ／プルダウン抵抗」が実装されている．プログラムで GPIO 入力を行う際に注意すべきことは，Raspberry Pi の内部に実装されている「プルアップ抵抗」と「プルダウン抵抗」を適切に使うことである．図を見てわかるように，「内部プルアップ／プルダウン抵抗」が使用されていない場合は，GPIO の電圧は不定になる．つまり，HIGH と LOW が定まらないということである．

以下の `GPIO` クラスの `setup()` メソッドを用いると，「プルアップ抵抗」や「プルダウン抵抗」を使用することができる．

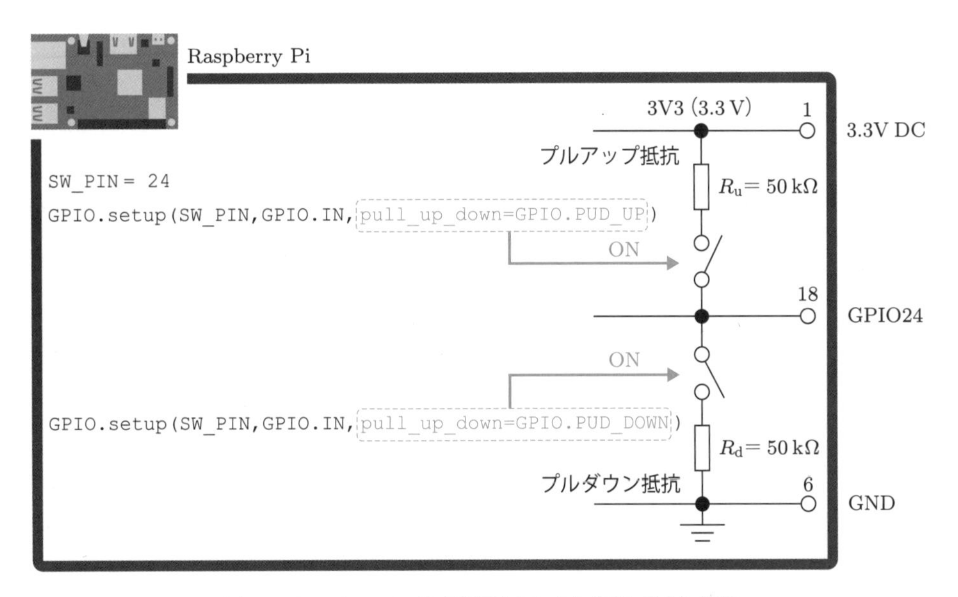

図 2.4　Raspberry Pi の内部プルアップ／プルダウン抵抗

プルアップ抵抗の使用：
```
GPIO.setup(channel, GPIO.IN, pull_up_down=GPIO.PUD_UP)
```
プルダウン抵抗の使用：
```
GPIO.setup(channel, GPIO.IN, pull_up_down=GPIO.PUD_DOWN)
```

ここで，`channel` は `setmode()` で指定した番号種類によるピン番号である．

それでは，まず「内部プルアップ抵抗」が設定された場合の状況を図 2.5 を用いて説明

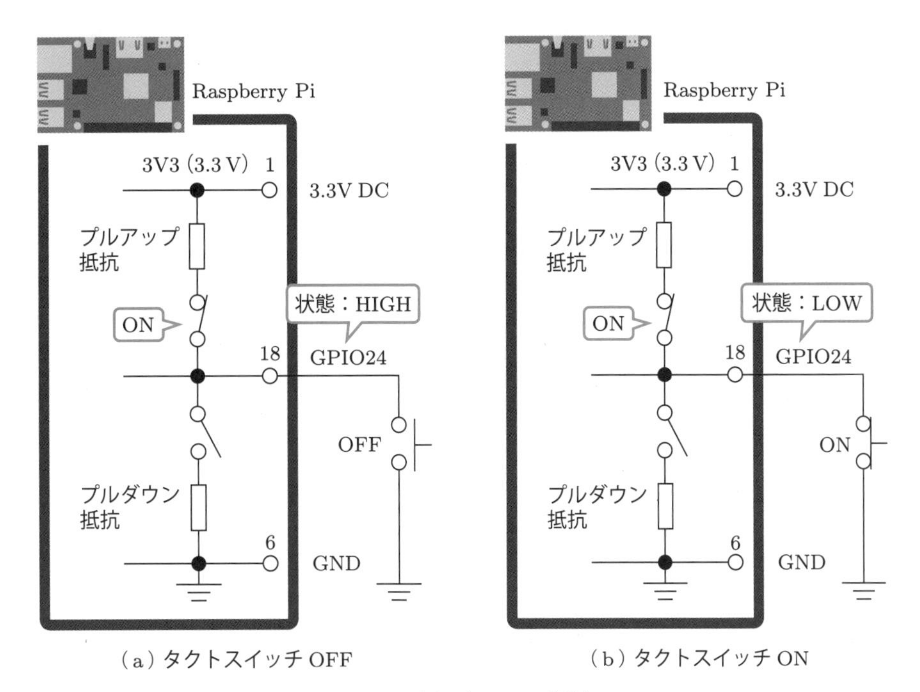

図 2.5　内部プルアップ抵抗

する．図(a) は GPIO24 と GND 間にタクトスイッチが接続された状態を示している．スイッチはオフ状態であるが，Raspberry Pi 内部でプルアップされているので，GPIO24 の状態は HIGH である．一方, 図 (b) はタクトスイッチはオン状態であるので，GPIO24 の状態は LOW である．

次に，「内部プルダウン抵抗」が設定された場合の状況を図 2.6 に示す．図 (a) に示すように，タクトスイッチはオフ状態であるが，Raspberry Pi 内部でプルダウンされているので，GPIO24 の状態は LOW である．一方，図 (b) はタクトスイッチはオン状態であるので，GPIO24 の状態は HIGH である．

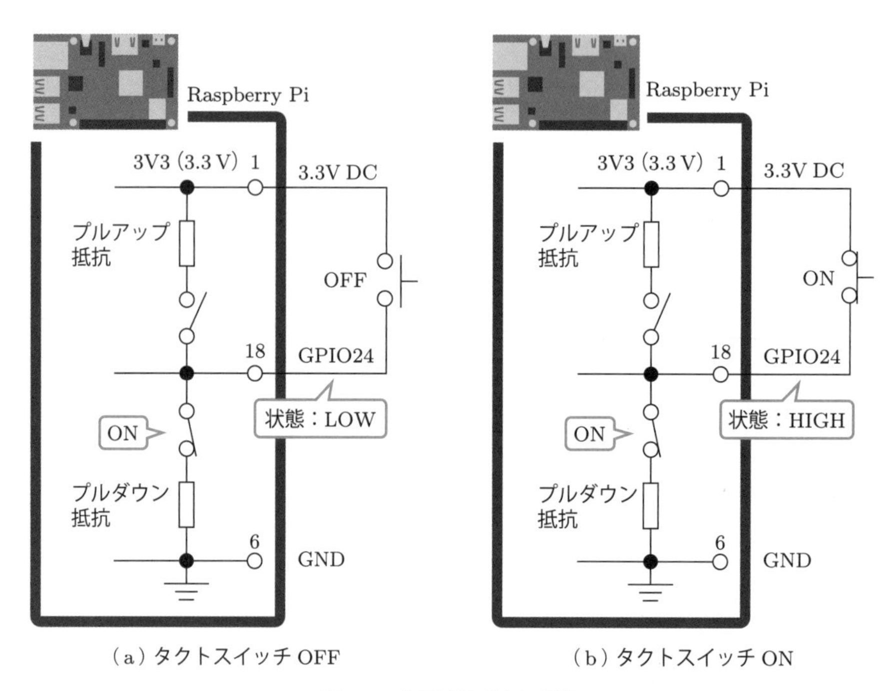

図 2.6　内部プルダウン抵抗

(2) タクトスイッチ

図 2.7 にタクトスイッチの外観と接続方法を示す．

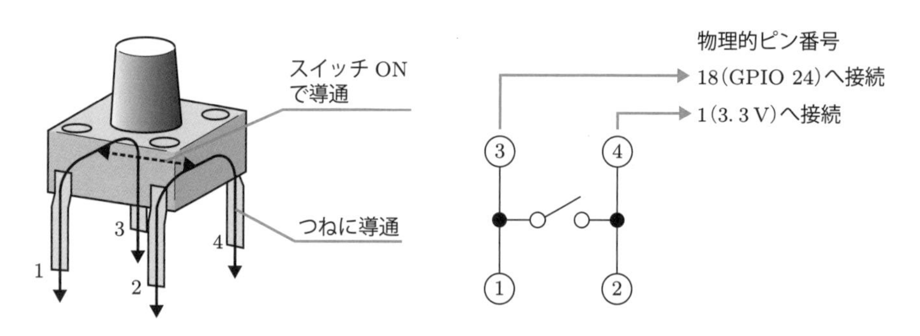

図 2.7　タクトスイッチの外観と接続方法

(3) コマンドラインによる GPIO 状態入力

2.2 節と同様に，コマンドラインによる GPIO 状態の入力を，「echo コマンド」と「gpio コマンド」の 2 種類の方法で行ってみよう．

●echo コマンド：

まず，「echo コマンド」を用いて，先ほど配線した GPIO24 のスイッチ状態の読み込み方法を表 2.6 に示す．スイッチのボタンを押下しながら状態の読み込みをすると，HIGH（1）となっていることが確認できる．

表 2.6　echo コマンド（GPIO24 からのスイッチの状態の読み込み）

手　順	コマンド入力	結　果
1）登録	`echo 24 > /sys/class/gpio/export`	
2）モード設定	`echo in > /sys/class/gpio/gpio24/direction`	
3）読み込み	`cat /sys/class/gpio/gpio24/value`（スイッチ OFF 時）	0
	`cat /sys/class/gpio/gpio24/value`（スイッチ ON 時）	1
4）終了	`echo 24 > /sys/class/gpio/unexport`	

●gpio コマンド：

次に，「gpio コマンド」を用いて同様な GPIO 状態の読み込みを行う．その手続きを表 2.7 に示す．

表 2.7　gpio コマンド（GPIO24 からのスイッチの状態の読み込み）

手　順	コマンド入力	結　果
1）モード設定	`gpio -g mode 24 in`	
2）読み込み	`gpio -g read 24`（スイッチ OFF 時）	0
	`gpio -g read 24`（スイッチ ON 時）	1

(4) プログラムによる GPIO 状態の入力

プログラム 2.2 に，タクトスイッチの状態入力プログラムを示す．

プログラム 2.2　スイッチの状態読み込み（read_sw.py）

```
# read_sw.py       (p2-2)

import RPi.GPIO as GPIO  # RPi.GPIOモジュールをGPIOとしてインポート
from time import sleep   # timeモジュールからのsleep関数のインポート

def main():                # main関数
  GPIO.setmode(GPIO.BCM)   # BCMピン番号の使用宣言
  SW_PIN = 24              # GPIO24をスイッチピンに設定
  GPIO.setup(SW_PIN, GPIO.IN, pull_up_down = GPIO.PUD_DOWN)
                               # スイッチピンを入力ピンとし，内部プルダウン抵抗を指定

  try:
    while True:                     # 無限ループ
      sw_status = GPIO.input(SW_PIN)  # スイッチピンの状態読み込み
      if sw_status == GPIO.HIGH: print("Switch status is HIGH")
      else : print("Switch status is LOW")
      sleep(0.5)                    # 500msスリープ
```

```
  except KeyboardInterrupt:  # Ctrl+C で無限ループからの脱出
    pass                     # 何もしない

  GPIO.cleanup()  # GPIO ピンをクリーンアップ

if __name__ == "__main__":  # プログラムの起点
  main()
```

実行結果
```
python3 read_sw.py で実行する.
スイッチの状態を読み込み表示することを繰り返す.
Ctrl+C で終了する.
```

2.4 スイッチ状態入力と LED 出力の組み合わせ

それでは，応用としてスイッチが押下されている間だけ，LED を点灯するようにプログラムを改造してみよう．図 2.8 にフローチャートを示す．プログラム 2.3 にスイッチ状態入力と LED 出力の組み合わせのプログラムを示す．

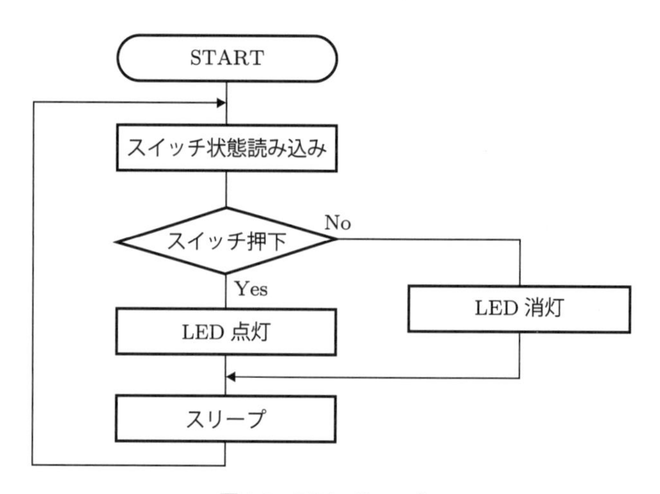

図 2.8　フローチャート

プログラム 2.3　スイッチ状態入力と LED 出力の組み合わせ（led2.py）

```
# led2.py       (p2-3)

import RPi.GPIO as GPIO  # RPi.GPIO モジュールを GPIO としてインポート
from time import sleep   # time モジュールからの sleep 関数のインポート

def main():                # main 関数
  GPIO.setmode(GPIO.BCM)   # BCM ピン番号の使用宣言

  LED_PIN = 23                     # GPIO23 を LED ピンに設定
  SW_PIN = 24                      # GPIO24 をスイッチピンに設定
  GPIO.setup(LED_PIN, GPIO.OUT)   # LED ピンを出力ピンに指定
  GPIO.setup(SW_PIN, GPIO.IN, pull_up_down = GPIO.PUD_DOWN)
                                    # スイッチピンを入力ピンとし，内部プルダウン抵抗を指定
```

```
  try:
    while True:                            # 無限ループ
      sw_status = GPIO.input(SW_PIN)       # スイッチピンの状態読み込み
      if sw_status == GPIO.HIGH:           # スイッチ状態がHIGHであれば
          print("Switch status is HIGH")   # 状態をHIGHと表示
          GPIO.output(LED_PIN, GPIO.HIGH)  # LEDピンをHIGHに指定（点灯）
      else:                                # スイッチ状態がHIGHでなければ
          print("Switch status is LOW")    # 状態をLOWと表示
          GPIO.output(LED_PIN, GPIO.LOW)   # LEDピンをLOWに指定（消灯）
      sleep(0.5)                           # 500msスリープ

  except KeyboardInterrupt:  # Ctrl+Cで無限ループからの脱出
      pass                   # 何もしない

  GPIO.cleanup()  # GPIOピンをクリーンアップ

if __name__ == "__main__":  # プログラムの起点
  main()
```

実行結果
```
python3 led2.pyで実行する.
スイッチが押下されている間だけLEDを点灯する.
Ctrl+Cで終了する.
```

2.5 実習例題

RPi.GPIOクラスのevent_detected()メソッドを用いて，以下の仕様を満足するプログラムを作成せよ．

（仕様）500 msごとに三つのLEDを順次点灯と消灯を繰り返し，タクトスイッチが押下されたら終了する．

図2.9に配線を示す．プログラム2.4は上記の仕様を満足するプログラムである．

このプログラムは，LEDの点灯と消灯にフェードインとフェードアウトの機能をもたせることができる．ここで，フェードインとは少しずつ明るくなること，フェードアウトとはその逆である．

この機能を複数のコメント行で記述しているので，LEDピンのループ内の4行をコメントアウトし（先頭に「#」を挿入），「複数行のコメント開始・終了」行の「"""」の前に「#」を挿入してコメントを外すと実行できる．フェードイン・アウトにはパルス幅変調（PWM）を用いている．その方法は第6章で説明するので，ここでは動作のみ確認しよう．

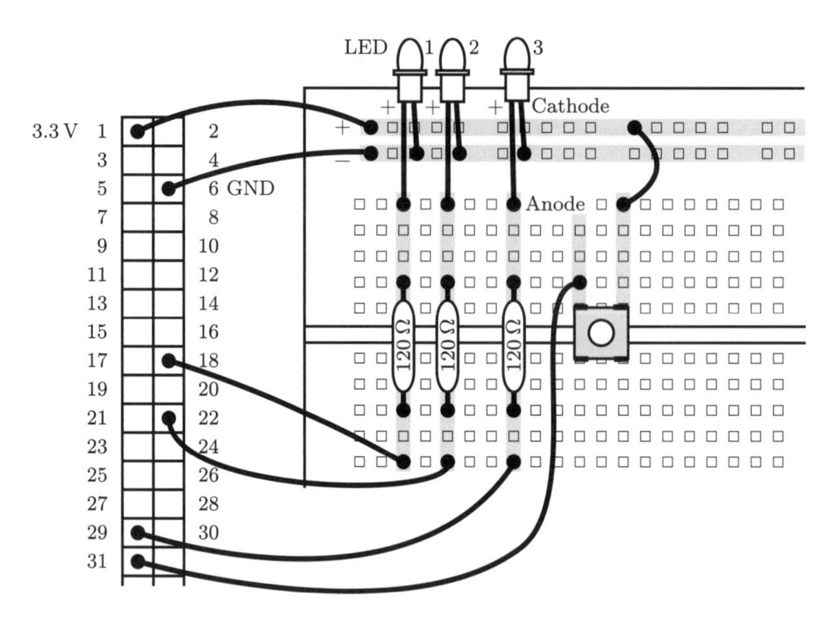

図 2.9　配線（LED × 3，タクトスイッチ）

プログラム 2.4　第 2 章実習例題（callback.py）

```
# callback.py       (p2-4)

import sys                 # sys モジュールのインポート
import RPi.GPIO as GPIO    # RPi.GPIO モジュールを GPIO としてインポート
from time import sleep     # time モジュールからの sleep 関数のインポート

def switch_callback(channel):  # コールバック関数
  print("SWITCH-PIN",channel,"is pressed, exiting")
  GPIO.cleanup()               # GPIO ピンをクリーンアップ
  sys.exit(0)                  # 終了

def main():                    # main 関数
  LED1 = 18                    # 物理ピン番号 18 を LED1 ピンに設定
  LED2 = 22                    # 物理ピン番号 22 を LED2 ピンに設定
  LED3 = 29                    # 物理ピン番号 29 を LED3 ピンに設定
  SWITCH = 31                  # 物理ピン番号 31 をスイッチピンに設定
  GPIO.setmode(GPIO.BOARD)     # 物理ピン番号の使用宣言
  GPIO.setup(LED1, GPIO.OUT)   # LED1 ピンを出力ピンに指定
  GPIO.setup(LED2, GPIO.OUT)   # LED2 ピンを出力ピンに指定
  GPIO.setup(LED3, GPIO.OUT)   # LED3 ピンを出力ピンに指定
  GPIO.setup(SWITCH, GPIO.IN, pull_up_down = GPIO.PUD_DOWN)
                                                # スイッチピンを入力ピンに指定
  GPIO.add_event_detect(SWITCH,GPIO.FALLING,callback=switch_callback)
                                       # スイッチピンが押下時，コールバック関数の指定

  try:
    while True:                    # 無限ループ
      for pin in [LED1,LED2,LED3]: # LED ピンのループ
        GPIO.output(pin,GPIO.HIGH) # 点灯
        sleep(0.5)                 # 500ms スリープ
        GPIO.output(pin,GPIO.LOW)  # 消灯
```

```
      sleep(0.5)                   # 500ms スリープ

      """                          # 複数行のコメント開始
      # Fade-in/Fade-out start -----------------------------------
      p = GPIO.PWM(pin,50)         # LED ピンの PWM（50Hz）のインスタンス化
      p.start()                    # PWM 開始
      for dc in range(0,101,5):    # dc を 0 ～ 100 とするループ
        p.ChangeDutyCycle(dc)      # デューティ比を dc に変更
        sleep(0.05)                # 50ms スリープ
      sleep(0.5)                   # 500ms スリープ
      for dc in range(100,-1,-5):  # dc を 100 ～ 0 とするループ
        p.ChangeDutyCycle(dc)      # デューティ比を dc に変更
        sleep(0.05)                # 50ms スリープ
      sleep(0.5)                   # 500ms スリープ
      # Fade-in/Fade-out end -------------------------------------
      """                          # 複数行のコメント終了

  except KeyboardInterrupt:  # Ctrl+C で無限ループからの脱出
    pass                     # 何もしない

  GPIO.cleanup()  # GPIO ピンをクリーンアップ

if __name__ == "__main__":  # プログラムの起点
  main()
```

実行結果　python3 callback.py で実行する．
LED の点灯・消灯を繰り返す．
タクトスイッチを押下すると終了する．

CHAPTER 3 I²C（アイ・スクエアド・シー）

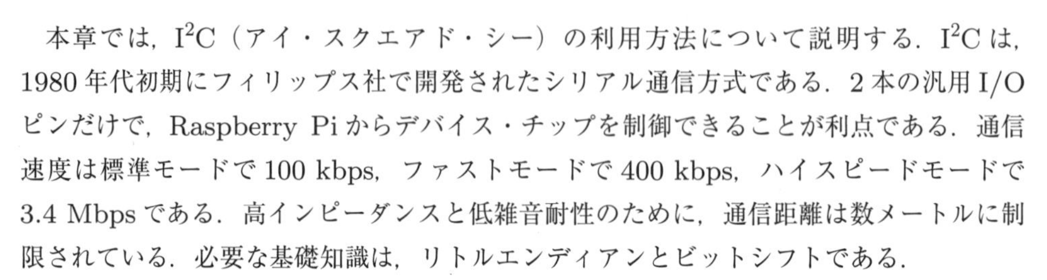

本章では，I²C（アイ・スクエアド・シー）の利用方法について説明する．I²C は，1980 年代初期にフィリップス社で開発されたシリアル通信方式である．2 本の汎用 I/O ピンだけで，Raspberry Pi からデバイス・チップを制御できることが利点である．通信速度は標準モードで 100 kbps，ファストモードで 400 kbps，ハイスピードモードで 3.4 Mbps である．高インピーダンスと低雑音耐性のために，通信距離は数メートルに制限されている．必要な基礎知識は，リトルエンディアンとビットシフトである．

本章で必要な物品を表 3.1 に示す．

表 3.1　第 3 章で用いる物品

No.	物　品	秋月電子通商の通販コード	価　格（2021.8 現在）
1	I²C 温度センサモジュール（ADT7410 使用）	M-06675	500 円

3.1 I²C の基礎

（1）基本事項

I²C（inter integrated circuit）は，「アイ・スクエアド・シー」とよばれている．図 3.1 に示すように信号線が 2 本のみである．その 2 本は，シリアルデータ（SDA）とシリアルクロック（SCL）である．図に示すように，一つの「マスター」とよばれるデバイスと，複数の「スレーブ」とよばれるデバイスの 2 種類が接続される．本書では，マスターが Raspberry Pi，スレーブがセンサに対応する．電源電圧（VDD）は，Raspberry Pi の 3.3 V を用いることができる．また，Raspberry Pi の SDA（物理的ピン番号 3）と SCL（物理的ピン番号 5）は抵抗（R_u）でプルアップされているので，外部でのプルアップ抵抗は不要である．

各スレーブには，デバイスアドレスが付与されている．デバイスの識別はこのアドレスを用いて行われる．したがって，同種類のセンサを複数接続するとアドレスの重複が発生するので注意が必要である．このような場合には，デバイスの基盤上にあるジャンパをはんだ付けし，アドレスを変更することができるようになっている．

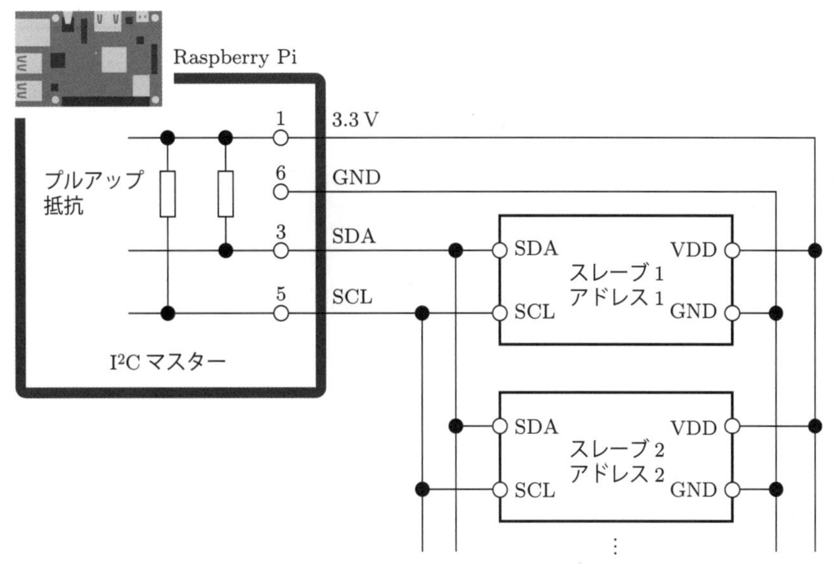

図 3.1　I²C の接続例

(2) 準　備

I²C に対応したデバイスを利用する場合には，あらかじめ I²C を制御するためのプログラムやライブラリをインストールしておく必要がある．その手順を下記に示す．まず，i2c-tools パッケージをインストールする．

```
sudo apt-get install i2c-tools python-smbus
```

次に，Raspberry Pi の I²C を有効にする設定をするために，下記のように設定ツールの「raspi-config」を起動し，Interfacing Options の I²C を Enable にする．

```
sudo raspi-config
```

そして，I²C のドライバモジュールを読み込むように設定するために，/etc/modules に下記の行を追加する．

```
i2c-dev
```

この後，Raspberry Pi を再起動すると I²C が有効になる．

3.2　I²C 温度センサモジュール（ADT7410 使用）

(1) センサの仕様

I²C 温度センサモジュール（ADT7410 使用）の仕様を表 3.2 に示す．これはデータシートからの抜粋である．VDD = 2.7 ～ 5.5 V であるので，Raspberry Pi の 3.3 V を用いることができる．また，図 3.2 に外観と接続方法を示す．

表3.2　I²C温度センサモジュール（ADT7410使用）の仕様（抜粋）

項　目	値
電源電圧（VDD）[V]	2.7 ～ 5.5
消費電流［μA］	210
測定温度［℃］	− 55 ～ 150
温度の分解能［℃］	0.0078
温度変換時間［ms］	240
インタフェース	I²C
データ転送速度［kHz］	000 ～ 400

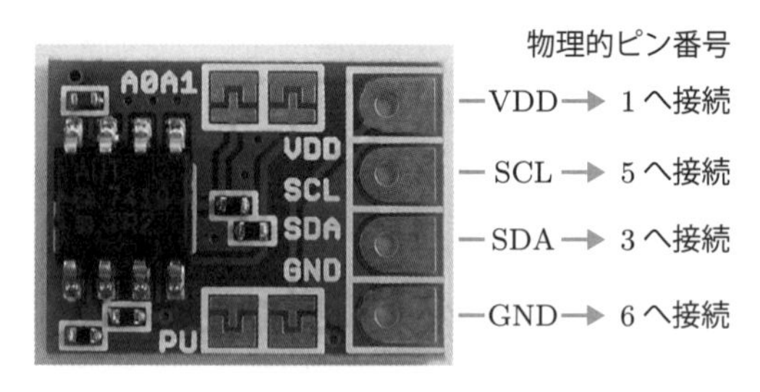

図3.2　外観と接続方法

(2) 配　線

部品がそろったら，図3.3のように配線する．そして，先ほどインストールしたi2c-toolsのコマンド「i2cdetect」を用いてデバイスのアドレスを確認すると，下記のように0x48であることがわかる．この際，i2cdetectは2回連続して実行する必要がある．2回実行するのは，1回目はスリープ状態となっているADT7410を復帰させ，2回目でアドレスを読み込ませるためである．

I²Cデバイスのアドレス確認

```
sudo i2cdetect -y 1
sudo i2cdetect -y 1 （2回実行する）
```

実行結果

```
     0  1  2  3  4  5  6  7  8  9  a  b  c  d  e  f
00:          -- -- -- -- -- -- -- -- -- -- -- -- --
10: -- -- -- -- -- -- -- -- -- -- -- -- -- -- -- --
20: -- -- -- -- -- -- -- -- -- -- -- -- -- -- -- --
30: -- -- -- -- -- -- -- -- -- -- -- -- -- -- -- --
40: -- -- -- -- -- -- -- -- 48 -- -- -- -- -- -- --
50: -- -- -- -- -- -- -- -- -- -- -- -- -- -- -- --
60: -- -- -- -- -- -- -- -- -- -- -- -- -- -- -- --
```

また，コマンド「i2cget」を用いて温度のデータを読み込むと，この場合は0xd00c（16

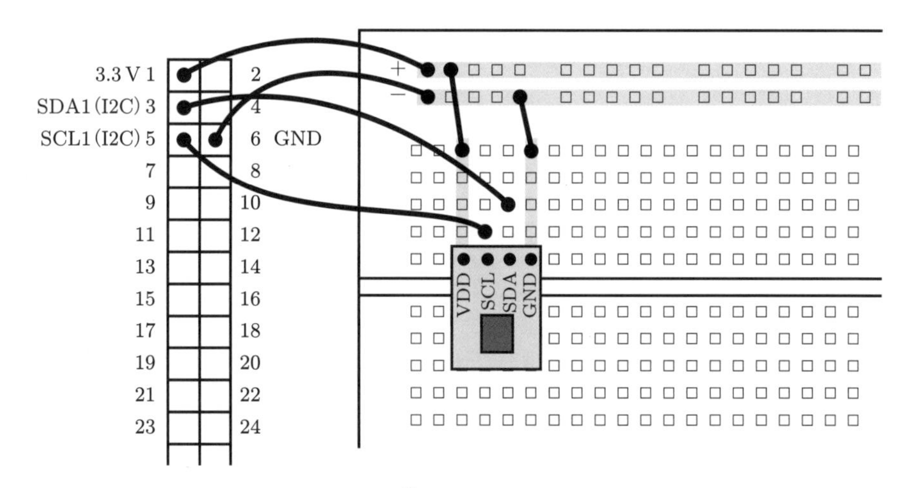

図3.3　配線（I²C温度センサモジュール）

進数の D00C）であることがわかる．

温度データの読み込み

```
sudo i2cget -y 1 0x48 0x00 w
```

実行結果 `0xd00c`

メモリはバイト(8 ビット)単位にアドレスが付されている．図 3.4 に示すような 16 ビットのデータは，データ位置を示す MSB（most significant bit）と LSB（least significant bit）がある．ここで，MSB は最上位ビット（左端ビット），LSB は最下位ビット（右端ビット）である．

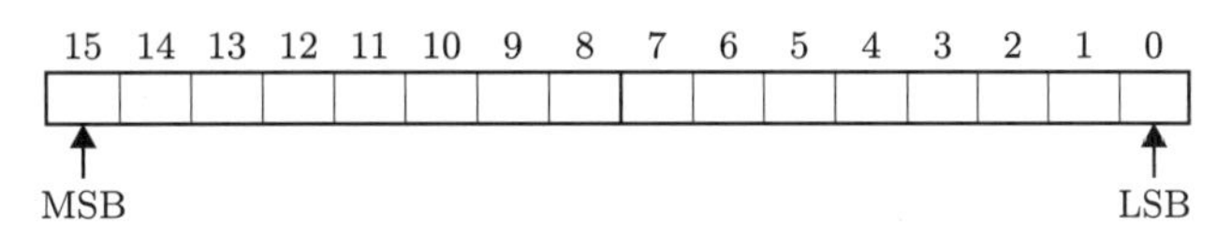

図 3.4　16 ビットのデータ（MSB と LSB）

(3) ビッグエンディアンとリトルエンディアン

図 3.4 に示した 16 ビットのデータをメモリにどのように配置するかで，ビッグエンディアン（big endian）とリトルエンディアン（little endian）の二つの方法がある．

- ビッグエンディアン：　MSB の属するバイトを若番のアドレスに格納する方法である．メモリダンプをすると通常の順に出力されるのでわかりやすい．
- リトルエンディアン：　LSB の属するバイトを若番のアドレスに格納する方法である．メモリダンプをすると逆順に出力される．

Raspberry Pi の CPU は，リトルエンディアンが用いられている．つまり，メモリには D00C の順に格納されている．それでは，ADT7410 の温度データの扱いについて説明する．図 3.5 にデバイスのレジスタとメモリのバイトデータの関係を示す．このデバイスは，読み出す温度データが 13 ビットと 16 ビットの 2 通りが設定できるが，ここではデフォルトの 13 ビット読み出しとする．図示したように，レジスタに記録されている温度データは，リトルエンディアンでメモリに配置され，`block[0]` に下位バイト，`block[1]` に上位バイトが格納される．この中で，網掛けの 3 ビットの部分は不使用のビットである（13 ビット読み出しのため）．これを，16 ビットの変数 `data` へ，上位バイト～下位バイトの順に格納するために `block[1]` は 8 ビット左へシフト(`<< 8`)されている．そして，最後に 3 ビット右にシフト（`>> 3`）すれば，温度データ `data` が完成する．ここで，`data` の右側 4 ビットが小数点以下のデータである．図に示すように，温度データは 25.625℃となる．

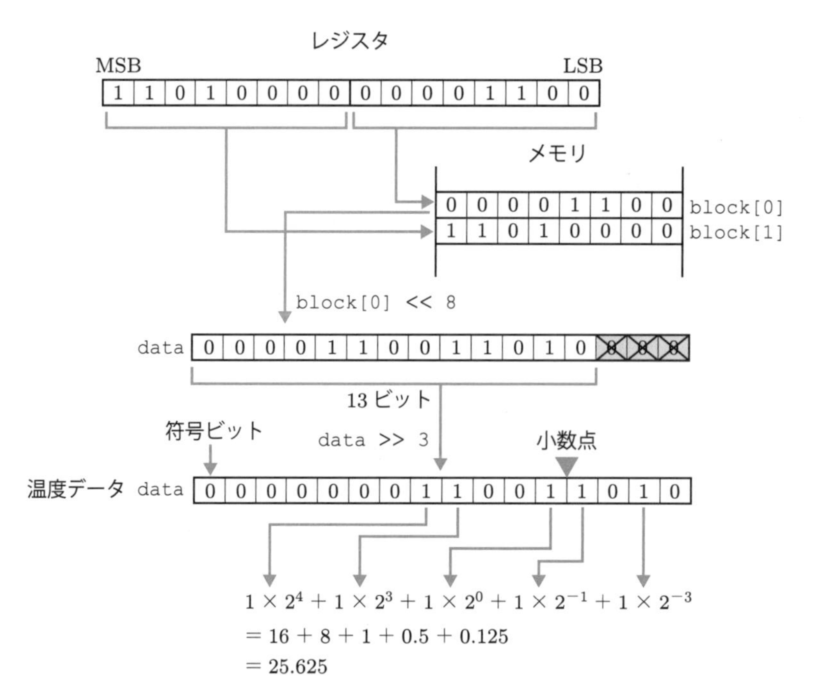

図 3.5 デバイスのレジスタとメモリのバイトデータの関係（リトルエンディアン）

(4) 温度計測プログラム

プログラム 3.1 に，ADT7410 使用温度センサ (I²C) による温度計測プログラムを示す．

プログラム 3.1 ADT7410 使用温度センサによる温度計測（adt7410_i2c.py）

```
# adt7410_i2c.py      (p3-1)

import smbus              # smbus(system management bus) モジュールのインポート
from time import sleep    # time モジュールからの sleep 関数のインポート
#----------------------------------------------------------------------
def get_temp_ADT7410_i2c(i2c, address):   # ADT7410 温度読み取り関数
  block = i2c.read_i2c_block_data(address,0x00, 12)
  data = ( block[0] << 8 | block[1] ) >> 3
  if data >= 4096: data -= 8192
  temp = data/16.0
  #print(" |{:x}".format(block[0]),"|{:x}".format(block[1]),end="")
  return temp
#----------------------------------------------------------------------
def main():               # main 関数
  i2c = smbus.SMBus(1)    # smbus のインスタンス化
  address = 0x48          # デバイスのアドレスセット

  try:
    while True:                                 # 無限ループ
      temp = get_temp_ADT7410_i2c(i2c,address)  # 温度読み取り
      print("|  Temp = {:6.2f}".format(temp))
      sleep(5)                                  # 5s スリープ

  except KeyboardInterrupt:    # Ctrl+C で無限ループからの脱出
    pass                       # 何もしない
```

```
if __name__ == "__main__":  # プログラムの起点
  main()
```

実行結果

```
python3 adt7410_i2c.py で実行する.
Temp =  25.69
Temp =  25.75
Temp =  25.81
... のように温度計測の結果表示を繰り返す.
Ctrl+C で終了する.
```


3.3 実習例題

温湿度･気圧センサ（BME280）を用いて I^{2}C 通信により温度，湿度，気圧を計測せよ．

必要な物品を表 3.3 に示す．表 3.4 はデータシートからの仕様抜粋である．図 3.6 に温湿度・気圧センサモジュールの外観と接続方法を示す．部品がそろったら，図 3.7 のように配線する．

表 3.3　第 3 章実習例題で用いる物品

No.	物　品	秋月電子通商の通販コード	価　格（2021.8 現在）
1	温湿度・気圧センサモジュールキット（BME280 使用）	K-09421	1,080 円

表 3.4　温湿度・気圧センサモジュール（BME280 使用）の仕様（抜粋）

項　目	値	項　目	値
電源電圧（VDD）[V]	1.7 ～ 3.6	インタフェース	I^{2}C，SPI
温度 [℃]	− 40 ～ 85	温度精度 [℃]	± 0.5
気圧 [hPa]	300 ～ 1100	気圧精度 [hPa]	± 1
湿度 [%]	0 ～ 100	湿度精度 [%]	± 3

まず，i2cdetect を用いて BME280 のアドレスを確認すると，0x76 であることがわかる．

BME280 のアドレス確認

```
sudo i2cdetect -y 1
```

実行結果

```
     0  1  2  3  4  5  6  7  8  9  a  b  c  d  e  f
00:          -- -- -- -- -- -- -- -- -- -- -- -- --
10: -- -- -- -- -- -- -- -- -- -- -- -- -- -- -- --
20: -- -- -- -- -- -- -- -- -- -- -- -- -- -- -- --
30: -- -- -- -- -- -- -- -- -- -- -- -- -- -- -- --
40: -- -- -- -- -- -- -- -- -- -- -- -- -- -- -- --
50: -- -- -- -- -- -- -- -- -- -- -- -- -- -- -- --
60: -- -- -- -- -- -- 76 -- -- -- -- -- -- -- -- --
```

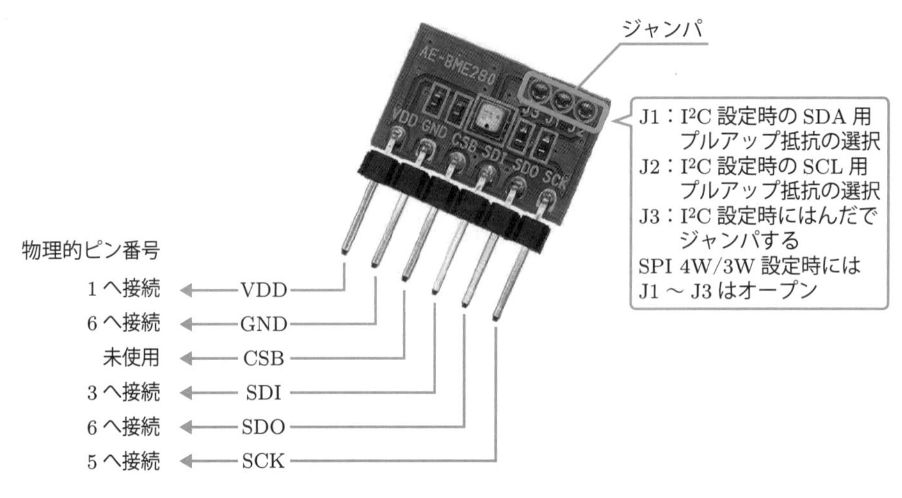

図 3.6　外観と接続方法

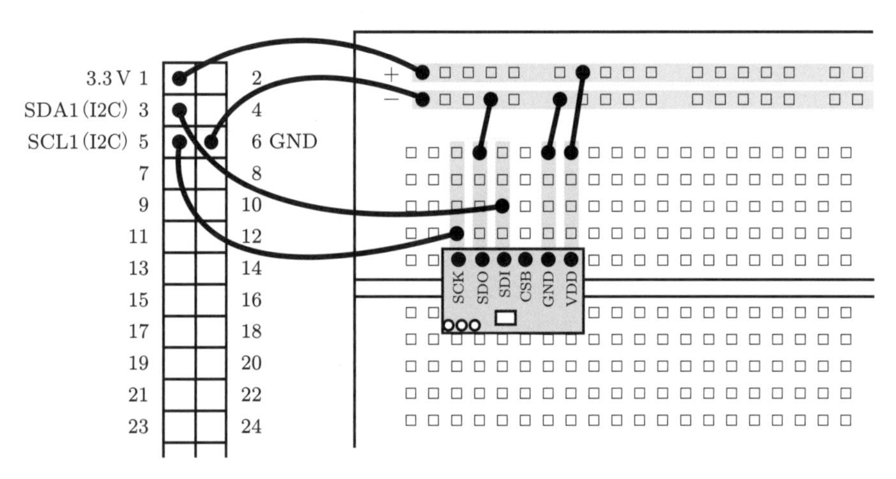

図 3.7　配線（温湿度・気圧センサモジュール）

プログラム 3.2 に，温湿度・気圧センサモジュールによる計測プログラムを示す．このプログラムは，スイッチサイエンスの BME280 のリポジトリのサンプルコードに少し手を加えたものである．10 秒周期で温度・気圧・湿度を表示させるようにしてある．プログラムの起動前に，以下のコマンドでライブラリ smbus2 をインストールする必要がある．

```
sudo pip3 install smbus2
```

プログラム 3.2　第 3 章実習例題（bme280Test.py）

```
# bme280Test.py      (p3-2)

from smbus2 import SMBus  # smbus2 モジュールからの SMBus クラスのインポート
import time               # time モジュールのインポート

bus_number  = 1
i2c_address = 0x76
```

```
bus = SMBus(bus_number)  # SMBus クラスのインスタンス化

digT = []
digP = []
digH = []

t_fine = 0.0
#---------------------------------------------------------------------
def writeReg(reg_address, data):
  bus.write_byte_data(i2c_address,reg_address,data)
#---------------------------------------------------------------------
def get_calib_param():
  calib = []

  for i in range (0x88,0x88+24):
    calib.append(bus.read_byte_data(i2c_address,i))
  calib.append(bus.read_byte_data(i2c_address,0xA1))
  for i in range (0xE1,0xE1+7):
    calib.append(bus.read_byte_data(i2c_address,i))

  digT.append((calib[1] << 8) | calib[0])
  digT.append((calib[3] << 8) | calib[2])
  digT.append((calib[5] << 8) | calib[4])
  digP.append((calib[7] << 8) | calib[6])
  digP.append((calib[9] << 8) | calib[8])
  digP.append((calib[11]<< 8) | calib[10])
  digP.append((calib[13]<< 8) | calib[12])
  digP.append((calib[15]<< 8) | calib[14])
  digP.append((calib[17]<< 8) | calib[16])
  digP.append((calib[19]<< 8) | calib[18])
  digP.append((calib[21]<< 8) | calib[20])
  digP.append((calib[23]<< 8) | calib[22])
  digH.append( calib[24] )
  digH.append((calib[26]<< 8) | calib[25])
  digH.append( calib[27] )
  digH.append((calib[28]<< 4) | (0x0F & calib[29]))
  digH.append((calib[30]<< 4) | ((calib[29] >> 4) & 0x0F))
  digH.append( calib[31] )

  for i in range(1,2):
    if digT[i] & 0x8000:
      digT[i] = (-digT[i] ^ 0xFFFF) + 1

  for i in range(1,8):
    if digP[i] & 0x8000:
      digP[i] = (-digP[i] ^ 0xFFFF) + 1

  for i in range(0,6):
    if digH[i] & 0x8000:
      digH[i] = (-digH[i] ^ 0xFFFF) + 1
#---------------------------------------------------------------------
def readData():
  data = []
  for i in range (0xF7, 0xF7+8):
    data.append(bus.read_byte_data(i2c_address,i))
  pres_raw = (data[0] << 12) | (data[1] << 4) | (data[2] >> 4)
```

```
  temp_raw = (data[3] << 12) | (data[4] << 4) | (data[5] >> 4)
  hum_raw  = (data[6] << 8)  |  data[7]

  temp = compensate_T(temp_raw)
  pres = compensate_P(pres_raw)
  humi = compensate_H(hum_raw)
  return (temp,pres,humi)          # 戻り値追加（筆者による修正）
#---------------------------------------------------------------------
def compensate_P(adc_P):
  global  t_fine
  pressure = 0.0

  v1 = (t_fine / 2.0) - 64000.0
  v2 = (((v1 / 4.0) * (v1 / 4.0)) / 2048) * digP[5]
  v2 = v2 + ((v1 * digP[4]) * 2.0)
  v2 = (v2 / 4.0) + (digP[3] * 65536.0)
  v1 = (((digP[2] * (((v1 / 4.0) * (v1 / 4.0)) / 8192)) / 8)  + ((digP[1] * v1) /
2.0)) / 262144
  v1 = ((32768 + v1) * digP[0]) / 32768

  if v1 == 0:
    return 0
  pressure = ((1048576 - adc_P) - (v2 / 4096)) * 3125
  if pressure < 0x80000000:
    pressure = (pressure * 2.0) / v1
  else:
    pressure = (pressure / v1) * 2
  v1 = (digP[8] * (((pressure / 8.0) * (pressure / 8.0)) / 8192.0)) / 4096
  v2 = ((pressure / 4.0) * digP[7]) / 8192.0
  pressure = pressure + ((v1 + v2 + digP[6]) / 16.0)

  #print("pressure : %7.2f hPa" % (pressure/100))  # コメント化（筆者による修正）
  return pressure/100                              # 戻り値追加（筆者による修正）
#---------------------------------------------------------------------
def compensate_T(adc_T):
  global t_fine
  v1 = (adc_T / 16384.0 - digT[0] / 1024.0) * digT[1]
  v2 = (adc_T / 131072.0 - digT[0] / 8192.0) * (adc_T / 131072.0 - digT[0] /
8192.0) * digT[2]
  t_fine = v1 + v2
  temperature = t_fine / 5120.0
  #print("temp : %-6.2f ℃ " % (temperature))  # コメント化（筆者による修正）
  return temperature                          # 戻り値追加（筆者による修正）
#---------------------------------------------------------------------
def compensate_H(adc_H):
  global t_fine
  var_h = t_fine - 76800.0
  if var_h != 0:
    var_h = (adc_H - (digH[3] * 64.0 + digH[4]/16384.0 * var_h)) * (digH[1] /
65536.0 * (1.0 + digH[5] / 67108864.0 * var_h * (1.0 + digH[2] / 67108864.0 *
var_h)))
  else:
    return 0
  var_h = var_h * (1.0 - digH[0] * var_h / 524288.0)
  if var_h > 100.0:
    var_h = 100.0
```

```
  elif var_h < 0.0:
    var_h = 0.0
  #print("hum : %6.2f ％" % (var_h))  # コメント化（筆者による修正）
  return var_h                        # 戻り値追加（筆者による修正）
#---------------------------------------------------------------------
def setup():
  osrs_t = 1                        #Temperature oversampling x 1
  osrs_p = 1                        #Pressure oversampling x 1
  osrs_h = 1                        #Humidity oversampling x 1
  mode   = 3                        #Normal mode
  t_sb   = 5                        #Tstandby 1000ms
  filter = 0                        #Filter off
  spi3w_en = 0                      #3-wire SPI Disable

  ctrl_meas_reg = (osrs_t << 5) | (osrs_p << 2) | mode
  config_reg    = (t_sb << 5) | (filter << 2) | spi3w_en
  ctrl_hum_reg  = osrs_h

  writeReg(0xF2,ctrl_hum_reg)
  writeReg(0xF4,ctrl_meas_reg)
  writeReg(0xF5,config_reg)
#---------------------------------------------------------------------
def main():  # main関数　以下，筆者による修正
  setup()
  get_calib_param()

  try:
    while True:                       # 無限ループ
      temp, pres, humi = readData()   # 温度，気圧，湿度の読み取り
      print("temp(C)={:6.2f}".format(temp),"| ",end="")
      print("pres(hPa)={:7.2f}".format(pres),"| ",end="")
      print("humi(%)={:6.2f}".format(humi),"|")
      time.sleep(10)                  # 10sスリープ

  except KeyboardInterrupt:   # Ctrl+Cで無限ループからの脱出
    pass                      # 何もしない

if __name__ == '__main__':  # プログラムの起点
  main()
```

実行結果

```
python3  bme280Test.pyで実行する．
temp(C)= 25.18 | pres(hPa)=1018.87 | humi(%)= 38.74 |
temp(C)= 25.18 | pres(hPa)=1018.71 | humi(%)= 38.67 |
temp(C)= 25.15 | pres(hPa)=1018.89 | humi(%)= 38.51 |
...のように計測結果表示を繰り返す．
Ctrl+Cで終了する．
```

CHAPTER 4 SPI（シリアル・ペリフェラル・インタフェース）

本章では，SPI（シリアル・ペリフェラル・インタフェース）の利用方法について説明する．SPI は，モトローラ社が提唱したシリアル通信方式の一種である．同期式／全二重のマスタ・スレーブ型インタフェースともいわれる．マスタ（SPI マスタ）やスレーブ（SPI スレーブ）からのデータは，クロックの立ち上がりまたは立ち下がりエッジによって同期がとられる．また，マスタとスレーブは，同時にデータを送信することも可能である．SPI には，3 線式のものと 4 線式のものがある．通信速度は数 Mbps であり，I^2C より高速であるため，Raspberry Pi と AD コンバータ間の通信にも用いている（第 5 章で説明）．必要な基礎知識は，I^2C と同様にリトルエンディアンとビットシフトである．

本章で必要な物品を表 4.1 に示す．

表 4.1　第 4 章で用いる物品

No.	物　品	秋月電子通商の通販コード	価　格（2021.8 現在）
1	ADT7310 SPI・16 bit 温度センサモジュール	M-06708	500 円

4.1 SPI の基礎

(1) 基本事項

SPI（serial peripheral interface）は，接続端子を少なくしたシリアルバスの一種で，比較的低速なデータ転送を行うデバイスに利用される．ただし，Raspberry Pi の SoC（system on chip）に実装されている中では，最も高速な通信インタフェースである．

信号線は下記の 4 本で構成される．

- SCLK（Serial Clock）：　データ転送を同期させるためマスタにより生成されるクロック信号，SCLK と記載されることもある．
- MISO（Mater In Slave Out）：　スレーブからマスタへのデータ送信ラインである．
- MOSI（Master Out Slave In）：　マスタからスレーブへのデータ送信ラインである．
- CE（Chip Enable）：　制御対象のデバイスの選択をするための信号ラインである．CS（Chip Select）や SS（Slave Select）と記載されることもある

なお，一つのスレーブを接続する場合の CE は不要となるので，信号線は 3 本で接続できる（CE を LOW に固定）．したがって，SPI の信号線は 3 ～ 4 本と記載されている．

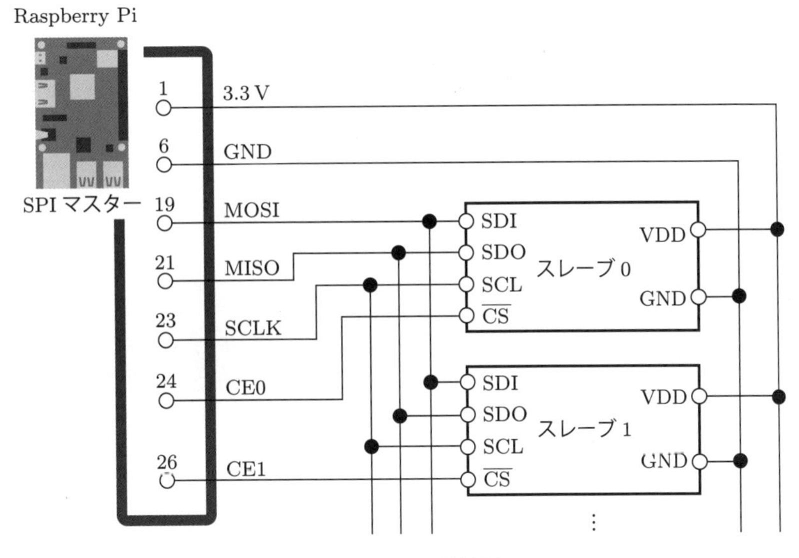

図 4.1 SPIの接続例

図 4.1 に示すように，SPIは単一のマスタに複数のスレーブが接続できる．

(2) 準 備

SPIに対応したデバイスを利用する場合には，あらかじめSPIを制御するためのプログラムやライブラリをインストールしておく必要がある．その手順を下記に示す．

```
cd
sudo apt-get install python3-dev
git clone git://github.com/doceme/py-spidev
cd py-spidev
sudo python3 setup.py install
```

次に，Raspberry PiのSPIを有効にする設定をするために，下記のように設定ツールの「raspi-config」を起動し，Interfacing OptionsのSPIをEnableにする．

```
sudo raspi-config
```

そして，SPIのドライバモジュールを読み込むように設定するために，/etc/modulesに下記の行を追加する．

```
spidev
```

この後，Raspberry Piを再起動するとSPIが有効になる．

4.2 SPI温度センサモジュール（ADT7310使用）

(1) センサの仕様

SPI温度センサモジュール（ADT7310使用）の仕様を表4.2に示す．これはデータシートからの抜粋である．VDD = 2.7 ~ 5.5 V であるので，Raspberry Pi の 3.3 V を用いることができる．また，図4.2に外観と接続方法を示す．

表4.2　SPI温度センサモジュール（ADT7310使用）の仕様（抜粋）

項　目	値
電源電圧 VDD［V］	2.7 ~ 5.5
消費電流［μA］	210
温度の分解能［℃］	0.0078（16ビット設定時） 0.0625（13ビット設定時）
測定温度［℃］	− 55 ~ 150
インタフェース	SPI互換

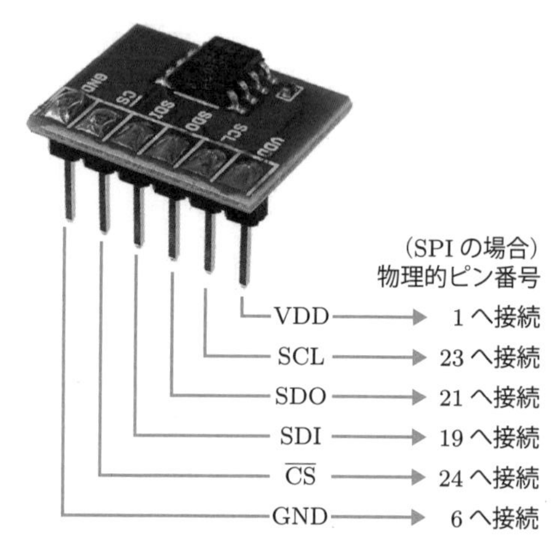

図4.2　外観と接続方法

(2) 配　線

部品がそろったら，図4.3のように配線する．

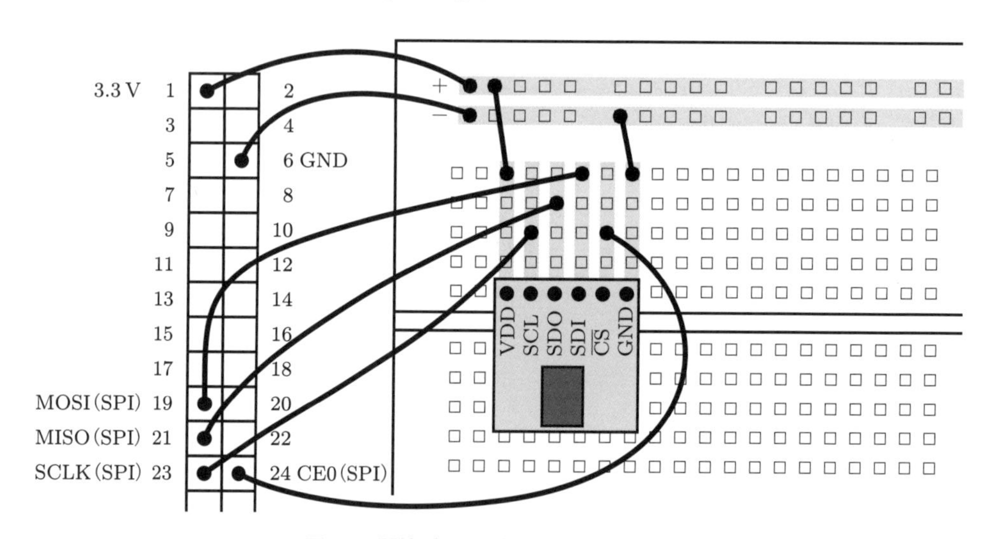

図4.3　配線（SPI温度センサモジュール）

(3) 温度計測プログラム

プログラム4.1に，ADT7310使用温度センサ（SPI）による温度計測プログラムを示す．データシートによると，ADT7310には「ワンショットモード」と「連続読み取りモード」があり，温度分解能は符号付きの 16 ビットと 13 ビットが選択でき，− 55 〜 150℃の測定が可能である．

ここで，ワンショットモードとは，温度測定後にスリープ状態となり消費電力を抑制するモードである．測定の都度，コンフィグレーションレジスタ（動作モードや分解能などを設定するレジスタ）にコマンドを書き込む必要がある．一方, 連続読み取りモードでは, コンフィグレーションレジスタにコマンドバイト（0x54）を一度書き込むと，それ以降は 2 バイトの読み込みだけで温度が連続して読み出される．

ここでは，連続読み取りモードで温度分解能 13 ビットを用いる．ここで，13 ビットの構成は,

$$
\begin{aligned}
-55℃ &: 1\ 1100\ 1001\ 0000 \\
0℃ &: 0\ 0000\ 0000\ 0000 \\
+0.0625℃ &: 0\ 0000\ 0000\ 0001 \\
+25℃ &: 0\ 0001\ 1001\ 0000 \\
+150℃ &: 0\ 1001\ 0110\ 0000
\end{aligned}
$$

である．

プログラム 4.1　ADT7310 使用温度センサによる温度計測（adt7310_spi.py）

```
# adt7310_spi.py      (p4-1)

import spidev              # spidev モジュールのインポート
from time import sleep   # time モジュールからの sleep 関数のインポート
#---------------------------------------------------------------------
def get_temp_ADT7310_spi(spi):     # ADT7310 温度取り出し関数
  spi.xfer([0x54])                 # 連続読み出しモード
  sleep(0.5)                       # 500ms スリープ
  block = spi.xfer([0xFF, 0xFF])  # 読み込み
  data = ( block[0] << 8 | block[1] ) >> 3
  if data >= 4096: data -= 8192
  temp = data/16.0
  #print(" |{:x}".format(block[0]),"|{:x}".format(block[1]),end="")
  return temp
#---------------------------------------------------------------------
def main():                      # main 関数
  spi = spidev.SpiDev()          # SpiDev クラスのインスタンス化
  spi.open(0, 0)                 # spi をオープン（ポート 0，デバイス 0）
  spi.mode = 0x03                # spi モードを 3 にセット (CPOL,CPHA)=(1,1)
  spi.max_speed_hz = 100000   # 通信速度 100kHz

  try:
    while True:                           # 無限ループ
      temp = get_temp_ADT7310_spi(spi)  # 温度の読み出し
      print("|  Temp = {:6.2f}".format(temp))
      sleep(5)                            # 5s スリープ

  except KeyboardInterrupt:  # Ctrl+C で無限ループからの脱出
    pass                       # 何もしない

if __name__ == "__main__":  # プログラムの起点
```

```
main()
```

実行結果

```
python3  adt7310_spi.py で実行する.
Temp =  25.69
Temp =  25.75
...のように，計測結果表示を繰り返す.
Ctrl+C で終了する.
```

4.3 実習例題

3軸加速度センサ（LIS3DH）を用いてSPI通信によりX・Y・Z軸の加速度を計測せよ．

本演習問題で必要な物品を表4.3に示す．表4.4はデータシートからの仕様抜粋である．図4.4に3軸加速度センサの外観と接続方法を示す．部品がそろったら，図4.5のように配線する．

表4.3　第4章実習例題で用いる物品

No.	物　品	秋月電子通商の通販コード	価　格（2021.8現在）
1	3軸加速度センサモジュール LIS3DH	K-06791	600円

表4.4　3軸加速度センサモジュール LIS3DHの仕様（抜粋）

項　目	値
電源電圧 VDD［V］	1.71 ～ 3.6
消費電力［mA］	1
インタフェース	I^2C，SPI

（SPIの場合）
物理的ピン番号

1へ接続 ← VDD — ①　⑭
6へ接続 ← GND — ②　⑬
23へ接続 ← SPC — ③　⑫
19へ接続 ← SDI — ④　⑪
21へ接続 ← SDO — ⑤　⑩
24へ接続 ← CS — ⑥　⑨
⑦　⑧

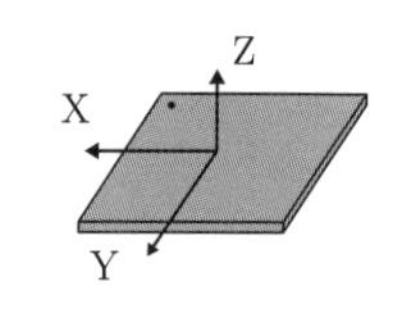

図4.4　外観と接続方法

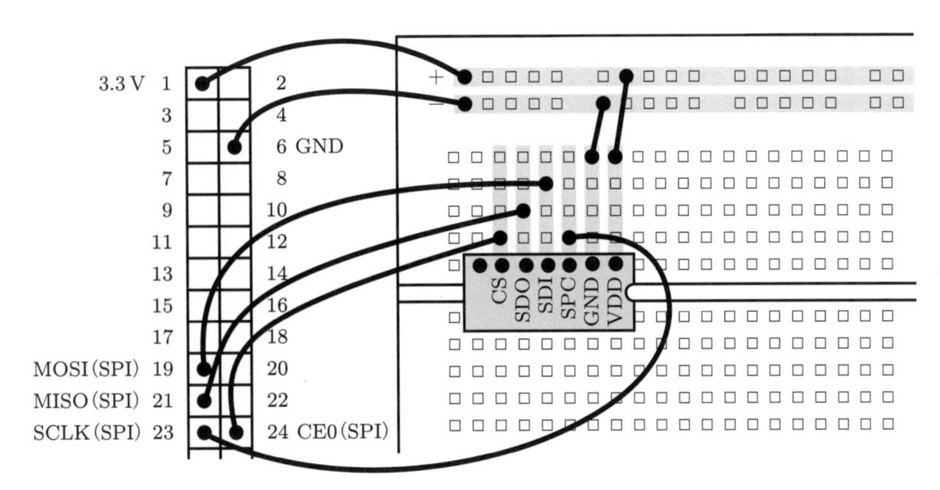

図 4.5　**配線（3 軸加速度センサモジュール）**

LIS3DH は，3 軸の加速度を 12 ビットデータで読み取ることができる．データシートを参照すると，3 軸（X,Y,Z）のレジスタアドレスが表 4.5 のように示されている．したがって，X，Y，Z 軸の加速度は，それぞれ 2 バイトずつ 0x28 ～ 0x2D で読み取ることができる．

表 4.5　**レジスタアドレスマッピング**

名　称	タイプ (r/w)	レジスタアドレス		デフォルト
		16 進数	2 進数	
OUT_X_L	r	28	010 1000	output
OUT_X_H	r	29	010 1001	output
OUT_Y_L	r	2A	010 1010	output
OUT_Y_H	r	2B	010 1011	output
OUT_Z_L	r	2C	010 1100	output
OUT_Z_H	r	2D	010 1101	output

プログラム 4.2 に 3 軸の加速度計測プログラムを示す．このプログラムは，WiringPi モジュールを用いている．WiringPi は，Raspberry Pi の GPIO を制御するための C 言語ライブラリであるが，Python 用のラッパが準備されているので，Python からも利用できる．

WiringPi は，プログラムの起動前に以下のコマンドでインストールする必要がある．

```
sudo pip3 install wiringpi
```

プログラム 4.2　**第 4 章実習例題（lis3dhTest.py）**

```
# lis3dhTest.py      (p4-2)

import wiringpi as pi  # wiringpi モジュールを pi としてインポート
import time            # time モジュールをインポート

SPI_CS = 0                                # SPI チャネルを 0 に設定
```

```
SPI_SPEED = 100000                        # 通信速度100kHz
pi.wiringPiSPISetup (SPI_CS, SPI_SPEED)  # wiringpi初期化
#-----------------------------------------------------------------
def spi_read( read_addr ):                # SPI読み取り関数
  command = read_addr | 0x80
  buffer = command << 8
  buffer = buffer.to_bytes(2, byteorder='big')
  pi.wiringPiSPIDataRW(SPI_CS, buffer)  # SPIチャネルのWriteとRead
  return( buffer[1] )
#-----------------------------------------------------------------
def conv_two_byte(high, low):  # 2バイト連結関数
  dat = high << 8 | low
  if ( high >= 0x80 ):
      dat = dat - 65536
  dat = dat >> 4
  return ( dat )
#-----------------------------------------------------------------
def main():  # main関数
  buffer = 0x20 << 8 | 0x7F
  buffer = buffer.to_bytes(2, byteorder='big')
  pi.wiringPiSPIDataRW(SPI_CS, buffer)

  try:
    while True:                       # 無限ループ
      lb = spi_read( 0x28 )           # X軸加速度下位バイト (0x28)
      hb = spi_read( 0x29 )           # X軸加速度上位バイト (0x29)
      x = conv_two_byte( hb, lb )     # X軸加速度（2バイト結合）

      lb = spi_read( 0x2A )           # Y軸加速度下位バイト (0x2A)
      hb = spi_read( 0x2B )           # Y軸加速度上位バイト (0x2B)
      y = conv_two_byte( hb, lb )     # Y軸加速度（2バイト結合）

      lb = spi_read( 0x2C )           # Z軸加速度下位バイト (0x2C)
      hb = spi_read( 0x2D )           # Z軸加速度上位バイト (0x2D)
      z = conv_two_byte( hb, lb )     # Z軸加速度（2バイト結合）

      print ("x ={:5d}".format(x)," ",end="")
      print ("y ={:5d}".format(y)," ",end="")
      print ("z ={:5d}".format(z))

      time.sleep(1)  # 1sスリープ

  except KeyboardInterrupt:  # Ctrl+Cで無限ループからの脱出
    pass                     # 何もしない

if __name__ == '__main__':  # プログラムの起点
  main()
```

実行結果　python3 lis3dhTest.pyで実行する．ブレッドボードを適当に動かしてみよう．

```
x =   32  y =   80  z =  800
x =   16  y =   96  z =  832
x = 1056  y =   32  z = 1552
x = -576  y =  592  z = 1008
x =-2048  y =  720  z =  560
x = 2032  y = -224  z = 1632
x =    0  y =  112  z =  864
```

```
...のように計測結果表示を繰り返す.
Ctrl+C で終了する.
```

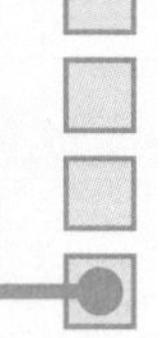

CHAPTER 5 アナログ・ディジタル変換（AD 変換）

本章では，アナログ・ディジタル変換（AD 変換：analog to digital conversion）の方法について説明する．IoT で用いられる各種センサには，アナログ出力のものとディジタル出力のものがある．一般に，同一の物理量をセンシングするセンサは，アナログ出力のセンサのほうが安価なものが多い．しかし，Raspberry Pi には，アナログ入力の端子がないので，アナログ出力の値は AD コンバータ（ADC）を用いて AD 変換する必要がある．必要な基礎知識は，AD 変換，標本化（サンプリング），量子化，10 進 2 進変換である．

本章で必要な物品を表 5.1 に示す．

表 5.1　第 5 章で用いる物品

No.	物　品	秋月電子通商の通販コード	価　格（2021.8 現在）
1	MCP3208（12bit 8ch AD コンバータ）	I-00238	320 円
2	半固定ボリューム 100 kΩ	P-08014	50 円
3	LM61CIZ（アナログ温度センサ）	I-11160	60 円

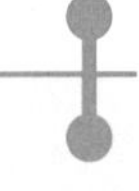

5.1 AD 変換の基礎

(1) 基本事項

アナログデータは，時間的に連続である．アナログデータをディジタル化するには，まず時間的に飛び飛びの値にする必要がある．この飛び飛びの値にすることを標本化（sampling，サンプリング）という．また，アナログ値は時間軸だけでなく，変数（センサの出力電圧など）の大きさも連続であるので，この値も飛び飛びの値にしなければならない．この連続量を飛び飛びの値にすることを量子化（quantization）という．サンプリングと量子化は，本来は同義語であるが，サンプリングは時間軸に対して量子化することをいう場合が多い．

このようにアナログデータをディジタルデータとして扱う場合には，標本化と量子化が必要になる．連続データに周期 T のインパルス列を掛けることによって，標本値の列を得ることができる．周期 T の逆数（$1/T$）は，サンプリング周波数（標本化周波数）W とよばれる．標本化定理（sampling theorem）によれば，周波数帯域が W 未満であるデータは，$2 \times W$ 以上の標本化周波数でサンプリングすれば，元のデータが完全に復元できることが知られている．

図 5.1 は，アナログデータとディジタルデータの例を示している．

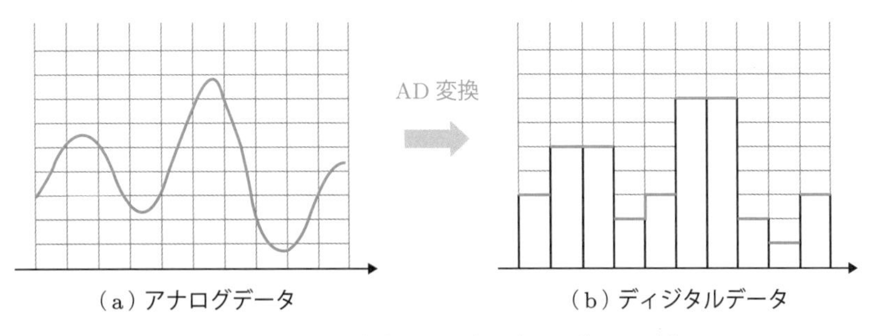

図 5.1　アナログデータとディジタルデータの例

本章で用いる AD コンバータの MCP3208 は 12 ビットであるので，$2^{12}=4096$，すなわち，0 ～ 4095 の整数値を表現することができる．すなわち，0 ～ 3.3 V の出力値であるセンサから得られた値を，0 ～ 4095 の整数値に対応させればよいことになる．

表 5.2 は，MCP3208（AD コンバータ）の入力電圧と AD 変換後のディジタル値の関係を示す．ディジタル変換された値は，第 3，4 章で学んだ I^2C 通信や SPI 通信を用いて，Raspberry Pi へデータとして送ることができる．

表 5.2　MCP3208（AD コンバータ）の入力電圧

入力電圧［V］	ディジタル出力（10 進数）	ディジタル出力（2 進数）
0.0000	0	0000 0000 0000
⋮	⋮	⋮
2.1855	2712	1010 1001 1000
⋮	⋮	⋮
3.3000	4095	1111 1111 1111

本章で用いる MCP3208 は，SPI 通信で Raspberry Pi にデータを与えることができる．図 5.2 に Raspberry Pi と MCP3208，半固定ボリュームの接続方法を示す．

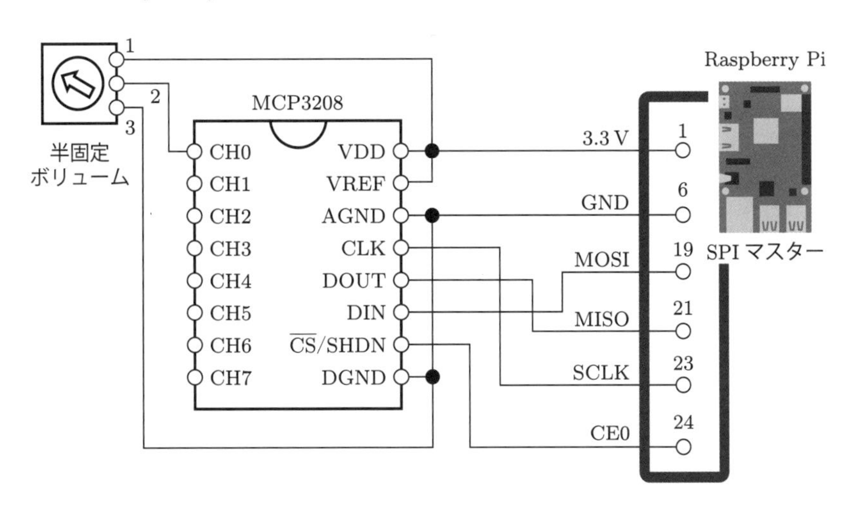

図 5.2　MCP3208（AD コンバータ）と半固定ボリュームの接続例

(2) 準　備

SPI に対応したデバイスを利用する場合には，あらかじめ設定が必要である．その手順を下記に再掲する．第4章SPIの4.1節（2）ですでに設定が終了していれば，以下の作業は不要である．

●必要なプログラム・ライブラリのインストール

```
cd
sudo apt-get install python3-dev
git clone git://github.com/doceme/py-spidev
cd py-spidev
sudo python3 setup.py install
```

●設定ツール「raspi-config」を起動

```
sudo raspi-config
```

Interfacing OptionsのSPIをEnableにする．

●/etc/modulesに下記の行を追加する．

```
spidev
```

●Raspberry Piを再起動してSPIを有効にする．

5.2　12bit 8ch ADコンバータMCP3208および半固定ボリューム

（1）MCP3208の仕様

ADコンバータMCP3208の仕様を表5.3に示す．これはデータシートからの抜粋である．VDD = 2.7～5.5 Vであるので，Raspberry Piの3.3 Vを用いることができる．また，図5.3に外観と接続方法を示す．

表5.3　ADコンバータMCP3208の仕様（抜粋）

項　目	値	項　目	値
電源電圧（VDD）［V］	2.7～5.5	分解能	12ビット
消費電流［μA］	待機時：500（代表値） 動作時最大：400	インタフェース	SPI
サンプリング速度［ksps］ （sps：sample per second）	50 max （VDD = 2.7 V時）	入力チャネル	8

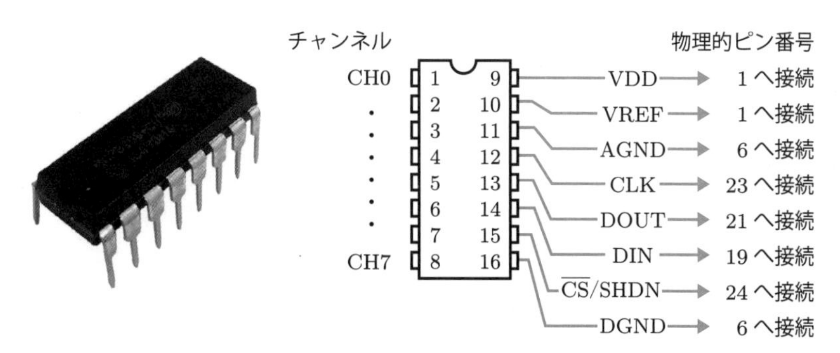

図 5.3 外観と接続方法

(2) MCP3208 の通信フォーマット

図 5.4 に MCP3208 の通信フォーマットを示す．横軸は時間である．上から，CS (chip select)，CLK (serial clock)，DIN (serial data input)，DOUT (serial data output) である．以下，この図を参照しながら，SPI 通信の動作を説明する．

まず，SPI マスターである Raspberry Pi は，SPI スレーブを選択するために CS を LOW とする．ここで，CS の上にバーが付されているので，CS は負論理になっていることに注意する．これで，MCP3208 が選択されたことになる．

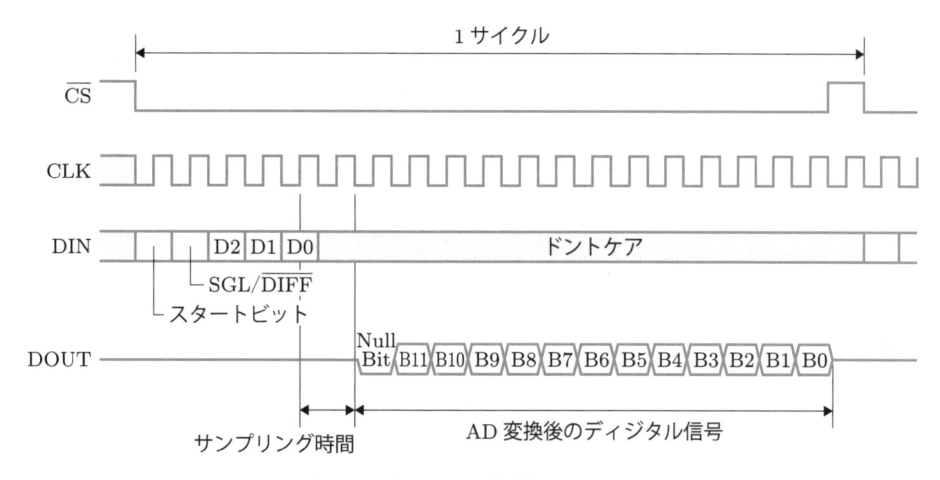

図 5.4 MCP3208 の通信フォーマット

次に，CLK はシリアル通信のためのクロックである．このクロックに従ってシリアル通信が行われる．

そして，DIN はマスターから送られる「コマンド」である．24 ビット (3 バイト) のデータを送る必要がある．その構造を以下に示す．

- 最初の 8 ビット： 0, 0, 0, 0, 0, 1 (start bit), 1 (SGL/$\overline{\text{DIFF}}$), 0 (D2)
- 次の 8 ビット： 0 (D1)，0 (D0), 0, 0, 0, 0, 0, 0
- 最後の 8 ビット： 0, 0, 0, 0, 0, 0, 0, 0

ここで，SGL/$\overline{\text{DIFF}}$は，「シングルエンド信号」と「差動信号」の指定である．シングルエンド信号は，GND（0 V）を基準に信号の電圧レベルでLOWとHIGHが決まる信号のことである．3.3 V系TTL規格（LVTTL）によると，＋2.0 V以上をHIGH，＋0.8 V以下をLOWレベルにすると規定されている．一方，差動信号は，一つの信号あたり必ず2本の信号線を利用し，＋側（ポジティブ）と－側（ネガティブ）として結線する．この二つの信号電位差が信号レベルになる．たとえば，差がプラスであればHIGH，マイナスであればLOWのように扱われる．ここでは，シングルエンド信号として指定するために“1”とする．

次に，D2，D1，D0は，MCP3208のアナログ入力チャンネルCH0～CH7の選択のために使われる．表5.4に，その対応を示す．ここでは，CH0を用いるので，(D2, D1, D0) = (0, 0, 0) である．

表5.4　選択チャンネルの対応表

D2	D1	D0	選択チャンネル	リクエストコマンド
0	0	0	CH0	0x06, 0x00, 0x00
0	0	1	CH1	〃 , 0x40, 〃
0	1	0	CH2	〃 , 0x80, 〃
0	1	1	CH3	〃 , 0xC0, 〃
1	0	0	CH4	0x07, 0x00, 0x00
1	0	1	CH5	〃 , 0x40, 〃
1	1	0	CH6	〃 , 0x80, 〃
1	1	1	CH7	〃 , 0xC0, 〃

最後は，DOUTである．ここに，MCP3208によりAD変換されたディジタル信号が出力される．12ビットの分解能であるから，B11～B0に変換されたビット列が入っている．バイト順は，第3章で説明したリトルエンディアンである（図3.5参照）．

(3) 半固定ボリューム（100 kΩ）の仕様

図5.5に半固定ボリュームの外観と接続方法を示す．半固定ボリュームには，T 104のような文字が記載されているが，これは抵抗値を表している．T 104は，10×10^4 Ω，すなわち100 kΩの意味である（$10 \times 10^4 = 100 \times 10^3 = 100$ kΩ）．

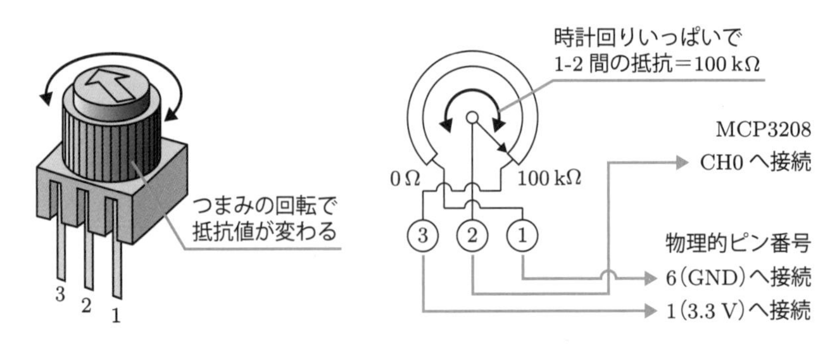

図5.5　半固定ボリュームの外観と接続方法

(4) 配　線

部品がそろったら，図 5.6 のように配線する．

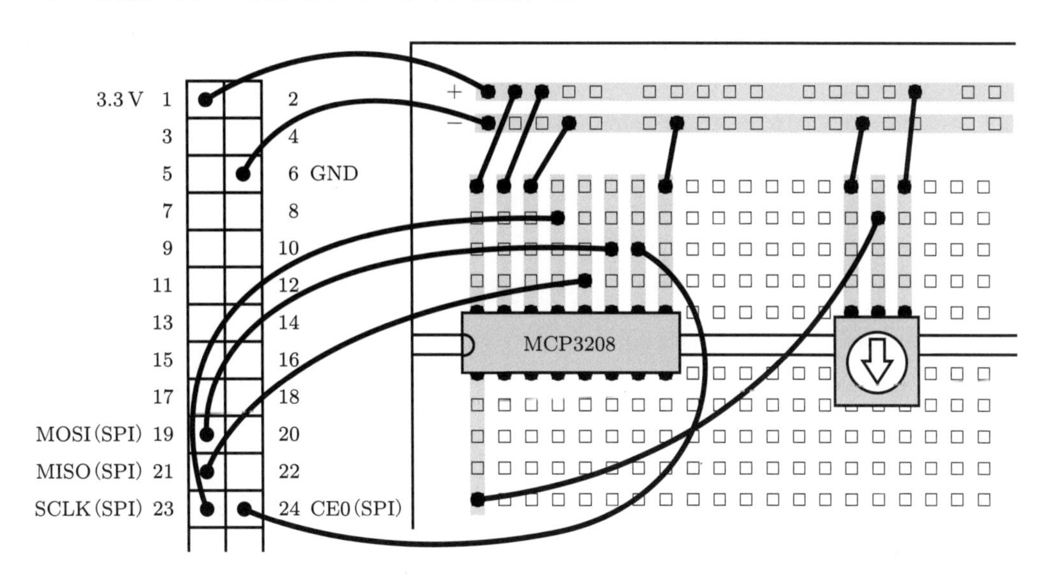

図 5.6　配線（MCP3208 AD コンバータと半固定ボリューム）

(5) アナログ・ディジタル変換のテストプログラム

プログラム 5.1 に MCP3208 を用いたアナログ・ディジタル変換のテストプログラムを示す．これは，spidev ライブラリを用いたものである．関数 `analog_read()` は，MCP3208 の全入力チャンネル（0 ～ 7ch）に対応するように作成してある．まず，リクエストコマンド `din` に 3 バイト分のデータをセットし，関数 `xfer2()` を呼び出すと 3 バイトのデータが戻り値として得られる．このうち，1 バイト目は不要であるので無視し，2 バイト目の 4 ビットと 3 バイト目のデータを合成して，アナログデータを取り出している．

なお，`din` の作成は，コメントの 1 行でも実現できる．以降のプログラムでは行数を削減するために，この 1 行のコードを用いている．

プログラム 5.1　MCP3208 による AD 変換（`mcp3208.py`）

```
# mcp3208.py      (p5-1)

import spidev               # spidev モジュールのインポート
from time import sleep  # time モジュールからの sleep 関数のインポート

def analog_read(spi, ch):  # アナログ読み出し関数 ch:{0, 1, 2, 3, 4, 5, 6, 7}
  if   ch == 0: din = [0x06, 0x00, 0x00]
  elif ch == 1: din = [0x06, 0x40, 0x00]
  elif ch == 2: din = [0x06, 0x80, 0x00]
  elif ch == 3: din = [0x06, 0xC0, 0x00]
  elif ch == 4: din = [0x07, 0x00, 0x00]
  elif ch == 5: din = [0x07, 0x40, 0x00]
  elif ch == 6: din = [0x07, 0x80, 0x00]
  elif ch == 7: din = [0x07, 0xC0, 0x00]

  # din = [6+(ch>>2), ch<<6, 0]  # 1 行での din 作成のコード
```

```
    r = spi.xfer2(din)
    adc_out = ((r[1] & 0x0F) << 8) | r[2]  # AD変換の結果
    return adc_out

def main():                          # main 関数
    spi = spidev.SpiDev()            # SpiDev クラスのインスタンス化
    spi.open(0, 0)                   # spi をオープン（ポート0，デバイス0）
    spi.mode = 0x00                  # spi モードを0にセット (CPOL,CPHA)=(0,0)
    spi.max_speed_hz = 1000000       # 通信速度1MHz

    try:
        while True:                          # 無限ループ
            adc_out = analog_read (spi, 0)   # アナログ読み出し
            print("adc_out = {:4d}".format(adc_out))
            sleep(1)                         # 1s スリープ

    except KeyboardInterrupt:  # Ctrl+C で無限ループからの脱出
        pass                   # 何もしない

    spi.close()  # spi をクローズ

if __name__ == "__main__":  # プログラムの起点
    main()
```

実行結果　python3 mcp3208.py で実行する．以下のように，ボリュームを回すとAD変換の結果が表示される．

```
adc_out = 4095
adc_out = 4095
...
adc_out = 1052
adc_out =  280
...
adc_out =    0
```

Ctrl+C で終了する．

5.3 アナログ温度センサ（LM61CIZ）

(1) LM61CIZ の仕様

多くの書籍でアナログ温度センサとしてLM35DZが記載されているが，このセンサは，現在のところ一般ユーザでは入手ができなくなっている．そのため，ここではアナログ温度センサとしてLM61CIZを用いる．LM61CIZの仕様を表5.5に示す．これはデータシートからの抜粋である．VDD = 2.7 ～ 10 V であるので，Raspberry Pi の 5.0 V を用いることができる．図5.7に外観と接続方法を示す．

表 5.5　アナログ温度センサ LM61CIZ の仕様（抜粋）

項　目	値
電源電圧 VDD［V］	2.7 ～ 10
温度計数［mV/℃］	10.0
測定温度範囲［℃］	− 30 ～ 100
最大消費電流［μA］	125

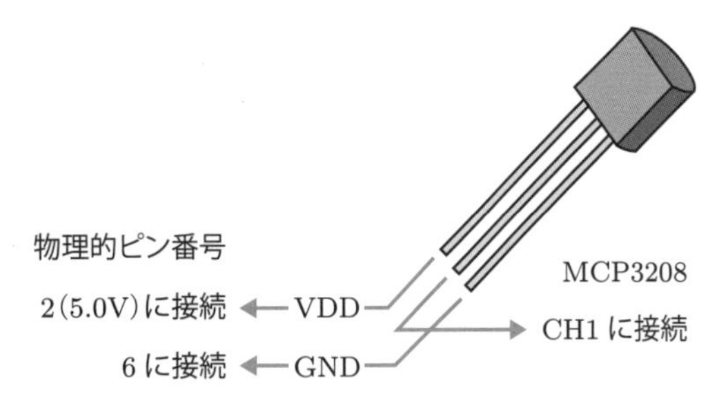

図 5.7　外観と接続方法

(2) 配　線

図 5.8 に AD コンバータ MCP3208 と温度センサ LM61CIZ の配線を示す.

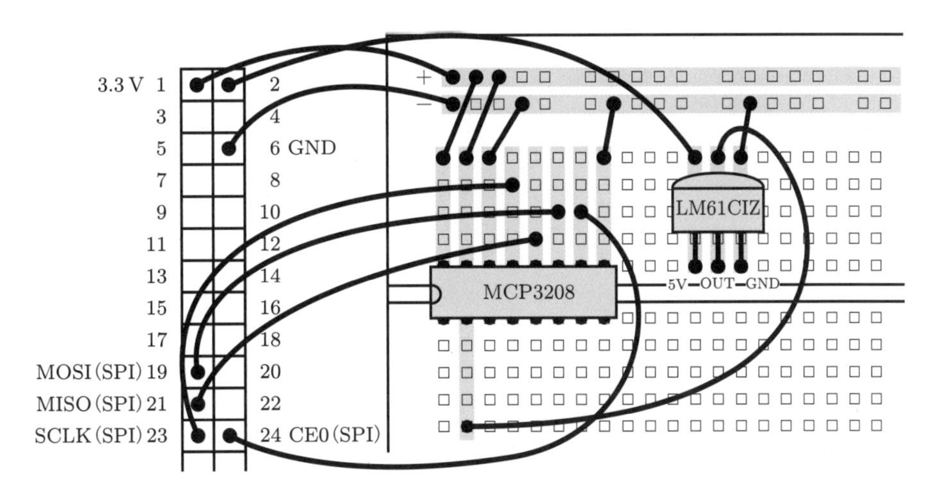

図 5.8　配線（AD コンバータ MCP3208 と温度センサ LM61CIZ）

(3) LM61CIZ による温度計測プログラム

プログラム 5.2 に，LM61CIZ による温度計測プログラムを示す．これは，spidev ライブラリを用いたものである．この例では LM61CIZ の出力は，MCP3208 の CH2 に入力している．データシートによると，センサの出力電圧 $V_o = 0.01 \times \texttt{temp} + 0.600$ と記載されているので，温度 temp $= 100 \times (V_o - 0.600)$ で求められる．ここで，V_o は 3.3 V の 12 ビット AD 変換される．したがって，AD 変換の結果（adc_out：0 ～ 4095）と温度（temp：− 30 ～ 100）との関係は次式のようになる．

$$\texttt{temp} = 100 \times \left(\frac{\texttt{adc\_out} \times 3.3}{4095} - 0.600 \right) \ [℃] \tag{5.1}$$

プログラム 5.2　LM61CIZ による温度計測（lm61ciz.py）

```
# lm61ciz.py      (p5-2)

import spidev              # spidev モジュールのインポート
from time import sleep     # time モジュールからの sleep 関数のインポート
```

```
def analog_read(spi, ch):           # アナログ読み出し関数 ch:{0, 1, 2, 3, 4, 5, 6, 7}
  din = [6+(ch>>2), ch<<6, 0]              # リクエストコマンド
  r = spi.xfer2(din)                       # 要求　戻り値 r（3 バイト）
  adc_out = ((r[1] & 0x0F) << 8) | r[2]  # AD 変換の結果
  return adc_out

def main():                       # main 関数
  spi = spidev.SpiDev()           # SpiDev クラスのインスタンス化
  spi.open(0, 0)                  # spi をオープン（ポート 0，デバイス 0）
  spi.mode = 0x00                 # spi モードを 0 にセット (CPOL,CPHA)=(0,0)
  spi.max_speed_hz = 1000000      # 1MHz

  try:
    while True:                                           # 無限ループ
      adc_out = analog_read (spi, 1)                      # アナログ読み出し CH1(MCP3208 )
      temp = 100.0 * (adc_out * 3.3 / 4095-0.600)   # 式 (5.1) による温度算出
      print("adc_out ={:4d}".format(adc_out),end= "")
      print("    temp ={:6.2f}".format(temp))
      sleep(5)                                            # 5s スリープ

  except KeyboardInterrupt:  # Ctrl+c で無限ループからの脱出
    pass                     # 何もしない

  spi.close()  # spi をクローズ

if __name__ == "__main__":  # プログラムの起点
  main()
```

実行結果

```
python3 lm61ciz.py で実行する.
adc_out = 350   temp = 28.21
adc_out = 354   temp = 28.53
... のように，計測結果表示を繰り返す.
Ctrl+C で終了する.
```

5.4 実習例題

ディジタル温度センサ（1-Wire）DS18B20 を用いて温度を計測せよ．

(1) 1-Wire インタフェースの基礎

DS18B20 は，1-Wire インタフェースのディジタル温度センサであり，パラサイトパワーモード（寄生電源モード）での使用もできる．パラサイトパワーモードは，信号線と GND の 2 本だけで配線でき，信号線から電力を得る方法である．パラサイトパワーモードでは，信号線の出力が LOW の場合には，センサに Raspberry Pi の電源から電力が供給され，センサ内のコンデンサに蓄えられる．一方，信号線の出力が HIGH の場合には，センサ内のコンデンサに蓄えられている電力が使用される．また，このセンサは防水型もあるので，屋外での利用も可能である．

(2) 準　備

必要な物品を表 5.6 に示す．表 5.7 はデータシートからの仕様抜粋である．図 5.9 にディ

表 5.6　第 5 章実習例題で用いる物品

No.	物　品	秋月電子通商の通販コード	価　格（2021.8 現在）
1	ディジタル温度センサ DS18B20 × 2	I-05276	320 円× 2
2	抵抗 4.7 kΩ（100 本入）	R-25472	100 円

表 5.7　DS18B20 の仕様（抜粋）

項　目	値
電源電圧（VDD）［V］	3.0 ～ 5.5
温度［℃］	− 55 ～ 125
インタフェース	1-Wire ディジタル
精度［℃］	± 0.2

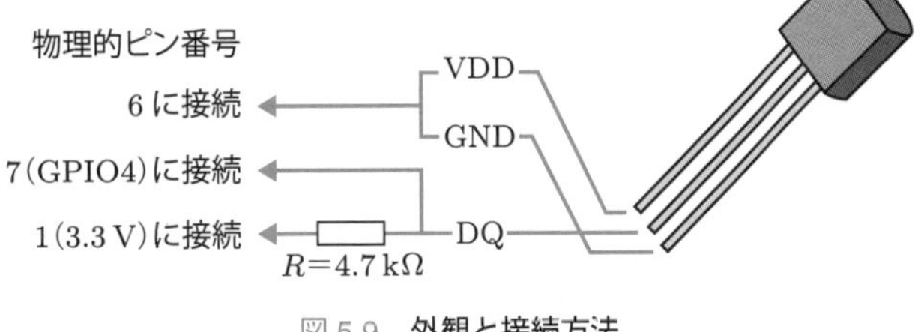

図 5.9　外観と接続方法

ジタル温度センサの外観と接続方法を示す．

(3) 配　線

部品がそろったら図 5.10 のように配線する．ここでは，1 本の信号線で複数のデバイスを接続できることの確認も兼ねて，二つのセンサを使用している．図に示すように，パラサイトパワーモードでは，VDD と GND を接続して Raspberry Pi の GND に接続する．二つの信号線を共通線（1-Wire bus）に接続し，Raspberry Pi の GPIO4 と接続するとともに，3.3 V 電源と 4.7 kΩ の抵抗で接続する．

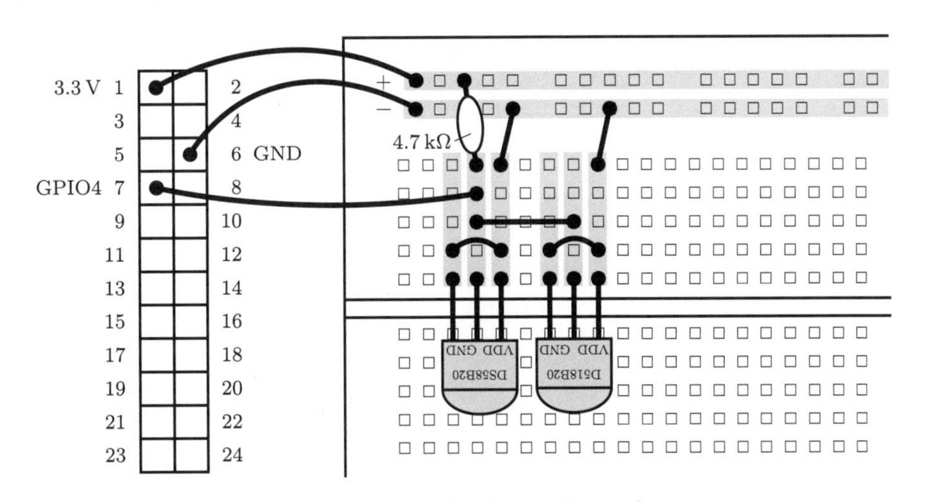

図 5.10　配線（ディジタル温度センサ）

(4) 事前テスト

それでは，DS18B20 センサから温度を読み取る方法について説明する．

準備

1）Raspberry Pi の 1-Wire を有効にする．まず，「raspi-config」を起動する．

```
sudo raspi-config
```

2）次に，Interfacing Option の 1-Wire を Enable にする．
3）再起動する．

DS18B20 センサの接続確認

1）以下のようにセンサの接続確認を行う．

```
ls /sys/bus/w1/devices/
```

実行結果
```
28-000003068425  28-0000064807a9  w1_bus_master1
```

2）上記のような表示がされたら，二つのセンサの接続が確認されたことになる．ここで，「28-」で始まるディレクトリ内にセンサの読み取り値が格納されている．「28-」以下の数字はセンサの固有番号である．

DS18B20 センサの計測値確認

1）「28-」で始まるディレクトリ内の「w1_slave」ファイルの中に計測値が含まれている．「t=」以下の数値を 1000 で割った値が温度である．下記の例では，1番目のセンサが 21.875℃，2番目のセンサが 21.812℃を示している．
2）1番目のセンサの計測値確認：

```
cat /sys/bus/w1/devices/28-000003068425/w1_slave
```

実行結果
```
5e 01 4b 46 7f ff 02 10 8d : crc=8d YES
5e 01 4b 46 7f ff 02 10 8d t=21875
```

3）2番目のセンサの計測値確認：

```
cat /sys/bus/w1/devices/28-0000064807a9/w1_slave
```

実行結果
```
5d 01 4b 46 7f ff 03 10 8c : crc=8c YES
5d 01 4b 46 7f ff 03 10 8c t=21812
```

(5) DS18B20 による温度計測プログラム

プログラム 5.3 に DS18B20 温度センサによる温度計測プログラムを示す．計測値が指定ファイル（テキストファイル）に含まれているので，ファイルの内容を読み込んで，必要な数値を切り出すだけでよい．このように，DS18B20 はセンサの内部で AD 変換されているので取り扱いが簡単である．

プログラム 5.3　第5章実習例題（ds18bds.py）

```
# ds18b20.py     (p5-3)
import time  # time モジュールのインポート

def get_temp_ds18b20(dev_id):  # ds18b20 温度取り出し関数

  try:
    fname = '/sys/bus/w1/devices/'+dev_id+'/w1_slave'  # ファイル名
    #print(fname)
    f = open(fname, 'r')                             # ファイルを読み込みモードでオープン
    lines = f.readlines()                              # 1 行読み出し
    pos = lines[1].find('t=')                          # t= の位置を取り出し
    stemp = lines[1][pos+2:]                           # t= の次の数値を取り出し
    temp = float(stemp)/1000.0                         # 温度
```

```
      f.close()                                       # ファイルのクローズ
    except IOError as e: print(e)                     # IO 例外をキャッチ

    return temp

def main():                                     # main 関数
    dev_id = ['28-000003068425','28-0000064807a9']  # センサ ID

    try:
        while True:                             # 無限ループ
            for i in range(len(dev_id)):        # センサのループ
                temp = get_temp_ds18b20(dev_id[i])  # センサ i の温度取り出し
                print("id=",i,"Temperature(C)={:6.2f}".format(temp))
            time.sleep(5)                       # 5s スリープ

    except KeyboardInterrupt:   # Ctrl+C で無限ループからの脱出
        pass                    # 何もしない

if  __name__=="__main__":  # プログラムの起点
    main()
```

実行結果

```
python3 ds18b20.py で実行する.
id= 0 Temperature(C)= 22.56
id= 1 Temperature(C)= 22.56
id= 0 Temperature(C)= 22.62
id= 1 Temperature(C)= 22.56
... のように，計測結果表示を繰り返す.
Ctrl+C で終了する.
```

CHAPTER

6 パルス幅変調（PWM）

本章では，パルス幅変調（PWD:pulse width modulation）の方法について説明する．PWMを用いると，LEDの明るさ制御やモータの速度制御，サーボモータの角度制御などが行える．必要な基礎知識は，信号の周期，周波数，デューティ比（または，デューティサイクル），アノードコモン，カソードコモン，Hブリッジ回路である．

本章で必要な物品を，表6.1に示す．

表6.1　第6章で用いる物品

No.	物　品	秋月電子通商の通販コード	価　格（2021.8現在）
1	MCP3208（12bit 8ch ADコンバータ）　※第5章と共通	I-00238	320円
2	半固定ボリューム 100 kΩ　※第5章と共通	P-08014	50円
3	3 mm 赤色 LED OSR5JA3Z74A　※第2章と共通	I-11577	10円
4	RGBフルカラーLED OSTA5131A	I-02476	50円
5	LED拡散キャップ白（5 mm）	I-00641	30円
6	DCモータ FA-130RA	P-09169	120円
7	セラミックコンデンサ 0.01 μF	P-04063	100円
8	TB6612使用2チャンネルモータドライバ	K-11219	420円
9	電池ボックス 単3×2本タイプ	P-10196	50円

6.1 PWMの基礎

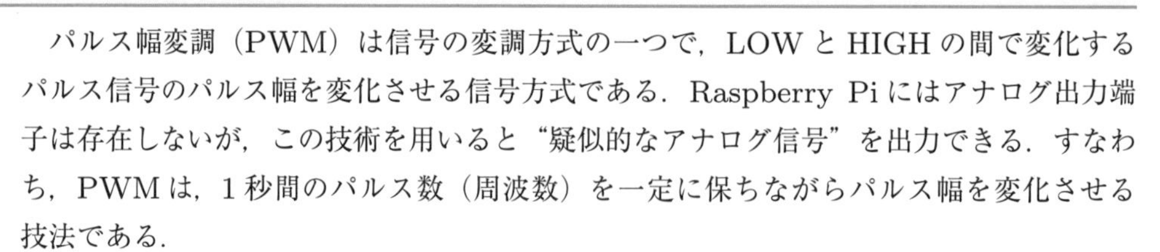

パルス幅変調（PWM）は信号の変調方式の一つで，LOWとHIGHの間で変化するパルス信号のパルス幅を変化させる信号方式である．Raspberry Piにはアナログ出力端子は存在しないが，この技術を用いると“疑似的なアナログ信号”を出力できる．すなわち，PWMは，1秒間のパルス数（周波数）を一定に保ちながらパルス幅を変化させる技法である．

図6.1に基本原理を示す．図においてTは周期，Wはパルス幅とすると，デューティ比（duty rate）またはデューティサイクル（duty cycle）は，Tに占めるWの割合である．デューティ比をDとすると，Dは次式で表される．

$$D = \frac{W}{T} \times 100 \ [\%] \tag{6.1}$$

したがって，図6.1（a），（b），（c）のデューティ比Dは，それぞれ10，50，80%である．デューティ比の変更は，ソフトウェアによりHIGHとLOWの時間を調整するこ

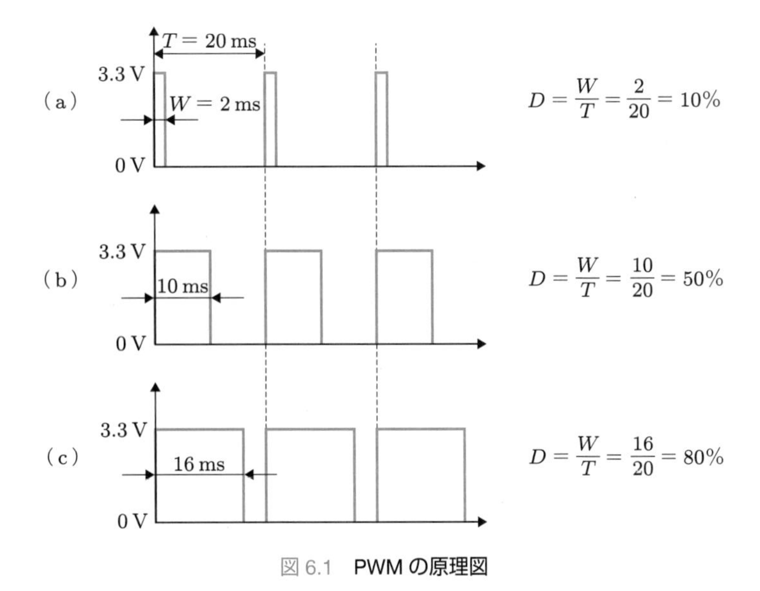

図 6.1　PWMの原理図

とによって実現できる．その結果，LEDの明るさ制御やモータの速度制御などが可能となる．

また，実効電圧（effective voltage）という概念がある．実効電圧 V_e と供給電圧 V_m（= 3.3 V）の関係は，次式のように平均電力 P_a より求めることができる．

$$
\begin{aligned}
P_a &= \frac{1}{T}\int_0^T v(t)i(t)\mathrm{d}t = \frac{1}{T}\int_0^T \frac{v(t)^2}{R}\mathrm{d}t \\
&= \frac{1}{T}W\frac{{V_m}^2}{R} = D\,\frac{{V_m}^2}{R} = \frac{(\sqrt{D}\,V_m)^2}{R} = \frac{V_e^2}{R} \\
&\therefore V_e = \sqrt{D}\,V_m \qquad (6.2)
\end{aligned}
$$

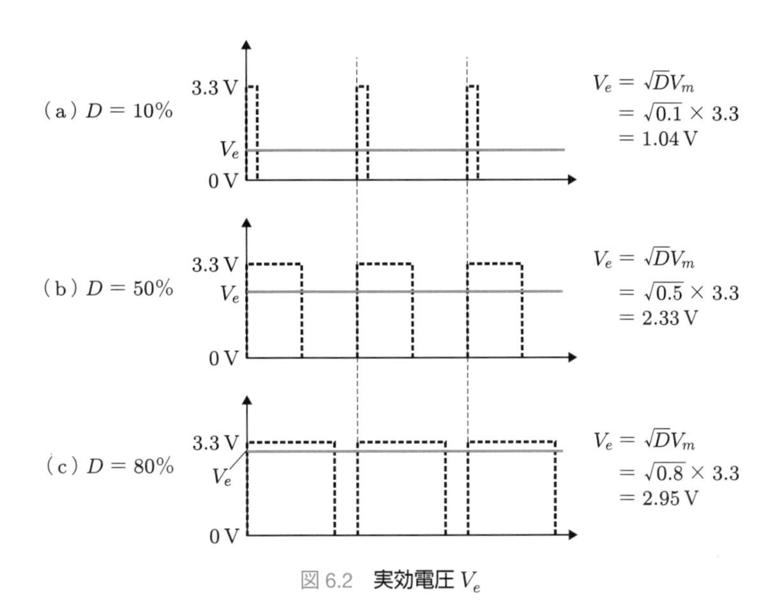

図 6.2　実効電圧 V_e

図6.2に示すように，D = 10，50，80%の実効電圧 V_e は，図中の青い線で示される．このことは，3.3 Vの電源電圧は一定のままで，D を変えることで，電圧を制御していると考えることができる．

6.2 LEDの明るさ制御

(1) 準備と配線

ここでは，PWMを，第2章で説明したLEDの点灯制御および第5章で説明した半固定ボリュームの値取り込みと組み合わせて，LEDの明るさ制御を行う．各章を参照して準備を整える．MCP3208を利用するには，あらかじめSPIを制御するためのプログラムやライブラリのインストールが必要である（第4章を参照）．準備が整ったら，LEDの明るさ制御のテストをするために図6.3のように配線する．

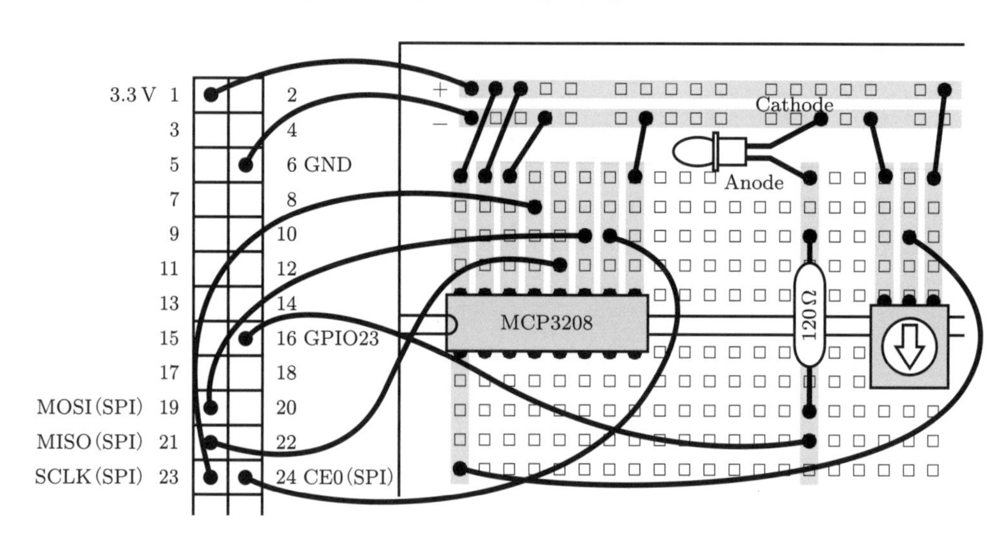

図6.3　配線（LED，MCP3208と半固定ボリューム）

(2) LEDの明るさ制御プログラム

まず，LEDの明るさを半固定ボリュームで変更するためのプログラムを作成する．LEDの点灯・消灯プログラムはプログラム2.1（第2章）に，半固定ボリュームの値取り込みプログラムはプログラム5.1（第5章）に示されている．これらのプログラムを参照すると，LEDの明るさ制御プログラムを作成することができる．これをプログラム6.1に示す．

プログラム6.1　LEDの明るさ制御プログラム（led_brightness.py）

```
# led_brightness.py       (p6-1)

import spidev              # spidevモジュールのインポート
import RPi.GPIO as GPIO    # RPi.GPIOモジュールをGPIOとしてインポート
from time import sleep     # timeモジュールからのsleep関数のインポート

def analog_read(spi, ch):  # アナログ読み出し関数 ch:{0, 1, 2, 3, 4, 5, 6, 7}
```

```
    din = [ 6+(ch>>2), ch<<6, 0]
    r = spi.xfer2(din)
    adc_out = ((r[1] & 0x0F) << 8) | r[2]
    return adc_out

def main():                                # main 関数
    GPIO.setmode(GPIO.BCM)                 # BCM ピン番号の使用宣言
    LED_PIN = 23                           # GPIO23 を LED ピンに設定
    GPIO.setup(LED_PIN, GPIO.OUT)          # LED ピンを出力ピンに指定
    pwm_led = GPIO.PWM(LED_PIN, 50)        # PWM のインスタンス化（50Hz）
    pwm_led.start(0)                       # pwm を開始（デューティ比 =0）

    spi = spidev.SpiDev()   # SpiDev のインスタンス化
    spi.open(0, 0)          # spi をオープン（ポート 0，デバイス 0）
    spi.mode = 0x00         # spi モードを 0 にセット (CPOL,CPHA)=(0,0)
    spi.max_speed_hz = 50   # 50Hz

    try:
        while True:                              # 無限ループ
            adc_out = analog_read (spi, 0)       # アナログ読み出し CH0（MCP3208）
            duty_cycle = 100 * adc_out/4095      # デューティ比算出
            print("adc_out = {:4d}".format(adc_out),
                "  duty_cycle = {:3.0f}".format(duty_cycle))

            pwm_led.ChangeDutyCycle(duty_cycle)  # デューティ比変更
            sleep(0.5)                           # 0.5s スリープ

    except KeyboardInterrupt:    # Ctrl+C で無限ループからの脱出
        pass                     # 何もしない

    GPIO.cleanup()   # GPIO ピンをクリーンアップ
    pwm_led.stop()   # pwm を停止
    spi.close()      # spi をクローズ

if __name__ == "__main__":   # プログラムの起点
    main()
```

実行結果

python3 led_brightness.py で実行する．半固定ボリュームのつまみを回すと，LED の明るさが変化する．また，下記のように AD 変換の結果とデューティ比が表示される．

```
adc_out = 4095   duty_cycle = 100
adc_out = 3279   duty_cycle =  80
...
adc_out = 2055   duty_cycle =  50
...
adc_out =    0   duty_cycle =   0
```

Ctrl+C で終了する．

6.3 RGB フルカラー LED

(1) RGB フルカラー LED（OSTA5131A）の仕様

RGB フルカラー LED の仕様を表 6.2 に示す．これはデータシートからの抜粋である．$V_F = 2.0 \sim 3.6$ V であるので，Raspberry Pi の 3.3 V を用いることができる．図 6.4

表 6.2　RGB フルカラー LED（OSTA5131A）の仕様（抜粋）

タイプ	カソードコモン
逆耐圧［V］	5
標準電流 I_F［mA］	20
半減角	30°
順電圧 V_F［V］（I_F = 20 mA）	赤 2.6，緑 3.6，青 3.6
光度［mcd］	赤 2000，緑 7000，青 2500
ドミナント波長［nm］	赤 635，緑 525，青 470
許容損失 P_D［mW］（消費電力の最大定格）	赤 130，緑 108，青 108

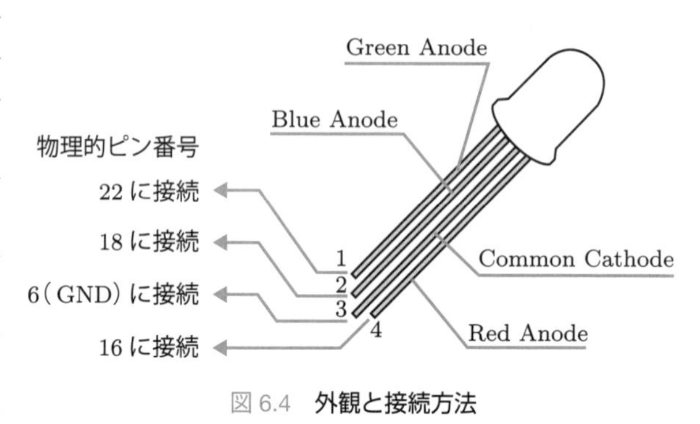

図 6.4　外観と接続方法

に外観と接続方法を示す．

RGB フルカラー LED は，図 6.4 に示すように 4 本の端子がある．その内部構造は，図 6.5 のようになっており，共通の端子をもった LED が 3 個含まれている．そして，共通の端子がアノードのものを「アノードコモン（common anode）」，カソードのものを「カソードコモン（common cathode）」とよぶ．今回の RGB フルカラー LED は，仕様にも記述してあるように「カソードコモン」である．

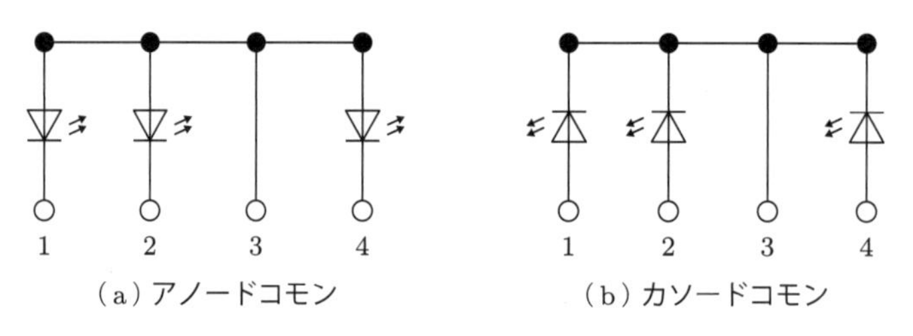

図 6.5　RGB フルカラー LED の内部構造

(2) 配　線

図 6.6 に RGB フルカラー LED（OSTA5131A），MCP3208 と半固定ボリュームの配線を示す．OSTA5131A は，カソードコモンであるので 3 番端子を GND に接続している．

ここで，電流制限抵抗 R の算出方法について述べる．一つの GPIO 出力の最大値は 16 mA である．図 6.7 に OSTA5131A の等価回路を示す．R，G，B の独立した三つの回路があるので，各回路に GPIO 端子から出力される電流を 10 mA とする．LED の順方向電圧 V_F は，表 6.2 の仕様に示されており，I_F = 20 mA 時に赤 2.6 V，緑と青 3.6 V である．今回は I_F = 10 mA としているので，V_F は 2.6 × (10/20) = 1.3 V となる．よって，電流制限抵抗 R の両端の電圧は，3.3 − 1.3 = 2.0 V と見積もることができる．したがって，R = 2.0/0.01 = 200 Ω となるので，安全性を考慮して少し大きめの R = 220 Ω を用いている．

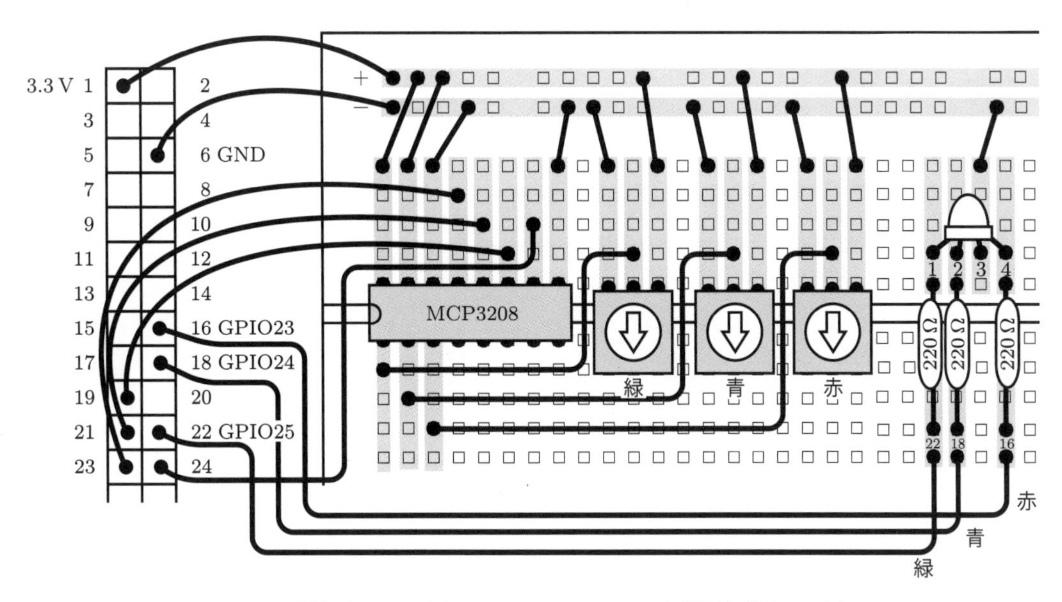

図 6.6　配線（RGB フルカラー LED，MCP3208 と半固定ボリューム）

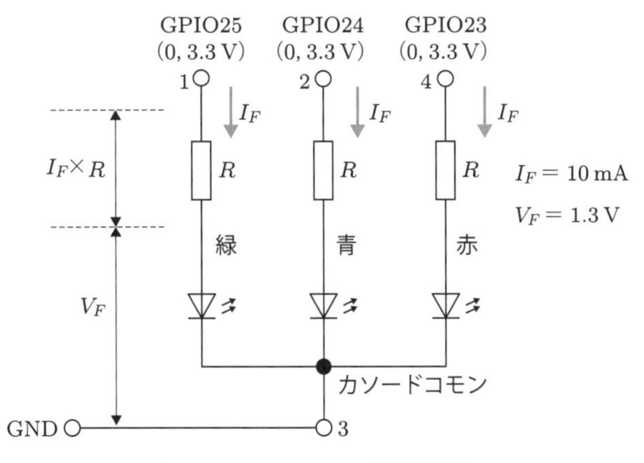

図 6.7　OSTA5131A の等価回路

(3) フルカラー LED（OSTA5131A）の明るさ制御プログラム

プログラム 6.2 に，フルカラー LED（OSTA5131A）の明るさ制御プログラムを示す．まず，すべての半固定ボリュームを時計回り（clockwise）に一杯回すと，ADC（MCP3208）の値は 4095 となる．この状態では LED は点灯しない．図 6.6 の右側から赤色，青色，緑色に対応している．右側の半固定ボリューム（赤色のボリューム）を反時計回りに回すと赤色となる．赤色のボリュームを戻して，真ん中，左側のボリュームも同様に操作すると，青色，緑色の表示が確認できる．すべてのボリュームを反時計回りに回すと白色となる．今回はカソードコモンのフルカラー LED であったが，アノードコモンのフルカラー LED の場合は，プログラム内のコメントを参照して，duty0 ～ duty2 の算出方法を変更すればよい．

プログラム 6.2　フルカラー LED の明るさ制御（led_rgb.py）

```
# led_rgb.py      (p6-2)

import spidev              # spidevのインポート
import RPi.GPIO as GPIO    # RPi.GPIOモジュールをGPIOとしてインポート
from time import sleep     # timeモジュールからのsleep関数のインポート

def analog_read(spi, ch):  # アナログ読み出し関数 ch:{0, 1, 2, 3, 4, 5, 6, 7}
  din = [ 6+(ch>>2), ch<<6, 0]
  r = spi.xfer2(din)
  adc_out = ((r[1] & 0x0F) << 8) | r[2]
  return adc_out

def main():                  # main関数
  GPIO.setmode(GPIO.BCM)     # BCMピン番号の使用宣言
  GPIO.setup(25, GPIO.OUT)   # GPIO25をLED（緑）ピンに設定
  GPIO.setup(24, GPIO.OUT)   # GPIO24をLED（青）ピンに設定
  GPIO.setup(23, GPIO.OUT)   # GPIO23をLED（赤）ピンに設定
  p0 = GPIO.PWM(25, 50)      # PWMのインスタンス化（GPIO25, 50Hz）
  p1 = GPIO.PWM(24, 50)      # PWMのインスタンス化（GPIO24, 50Hz）
  p2 = GPIO.PWM(23, 50)      # PWMのインスタンス化（GPIO23, 50Hz）
  p0.start(0)                # p0をスタート（デューティ比=0）
  p1.start(0)                # p1をスタート（デューティ比=0）
  p2.start(0)                # p2をスタート（デューティ比=0）
  spi = spidev.SpiDev()      # SpiDevのインスタンス化
  spi.open(0, 0)             # spiをオープン（ポート0，デバイス0）
  spi.mode = 0x00            # spiモードを0にセット (CPOL,CPHA)=(0,0)
  spi.max_speed_hz = 50      # 50Hz

  try:
    while True:                            # 無限ループ
      adc_out0 = analog_read(spi, 0)       # アナログ読み出し（緑）CH0
      adc_out1 = analog_read(spi, 1)       # アナログ読み出し（青）CH1
      adc_out2 = analog_read(spi, 2)       # アナログ読み出し（赤）CH2
      print('adc_out0 =', adc_out0)
      print('adc_out1 =', adc_out1)
      print('adc_out2 =', adc_out2)

      #--- Cathode Common ------------      # カソードコモンの処理
      duty0 = 100 * adc_out0/4095           # デューティ比算出CH0
      duty1 = 100 * adc_out1/4095           # デューティ比算出CH1
      duty2 = 100 * adc_out2/4095           # デューティ比算出CH2
      #--- Anode Common ------------         # アノードコモンの処理
      #duty0 = 100 * (1 - adc_out0/4095)    # （今回使用せず）
      #duty1 = 100 * (1 - adc_out1/4095)    # （今回使用せず）
      #duty2 = 100 * (1 - adc_out2/4095)    # （今回使用せず）

      p0.ChangeDutyCycle(duty0)  # デューティ比変更CH0
      p1.ChangeDutyCycle(duty1)  # デューティ比変更CH1
      p2.ChangeDutyCycle(duty2)  # デューティ比変更CH2
      sleep(1)                   # 1sスリープ

  except KeyboardInterrupt:  # Ctrl+Cで無限ループからの脱出
    pass                     # 何もしない

  spi.close()      # spiをクローズ
```

```
    p0.stop()        # P0 を停止
    p1.stop()        # P1 を停止
    p2.stop()        # P2 を停止
    GPIO.cleanup()   # GPIO ピンをクリーンアップ

if __name__ == "__main__":  # プログラムの起点
    main()
```

実行結果

python3 led_rgb.py で実行する．下記のように，ボリュームを回すと LED の色が変わり，AD 変換の結果が表示される．

すべてのボリュームを反時計回りとすると消灯する．

```
adc_out0 =    0
adc_out1 =    0
adc_out2 =    0
```

赤色のボリュームを時計回りとすると赤色点灯する．

```
adc_out0 =    0
adc_out1 =    0
adc_out2 = 4095
```

赤色のボリュームを元に戻した後，青色のボリュームを時計回りとすると青色点灯する．

```
adc_out0 =    0
adc_out1 = 4095
adc_out2 =    0
```

青色のボリュームを元に戻した後，緑色のボリュームを時計回りとすると緑色点灯する．

```
adc_out0 = 4095
adc_out1 =    0
adc_out2 =    0
```

Ctrl+C で終了する．

6.4 DC モータの制御

(1) DC モータ制御の基礎

PWM による LED の明るさ制御の方法を用いると，DC モータの速度制御も可能である．ただし，DC モータを使う場合には，大きな電流が必要となるため，Raspberry Pi の GPIO 端子に直接 DC モータを接続してはならない．2.2 節でも述べたように，GPIO の一つの端子から流せる電流は 16 mA（合計 50 mA）であり，これ以上の電流を流すと Raspberry Pi の故障の原因となるので注意が必要である．そのために，DC モータの駆動用の電源を別に用意し，モータドライバ（motor driver）を用いて DC モータの制御が行われる．モータドライバとは，モータを駆動・制御する装置のことであり，モータに流す電流の量，方向，タイミングなどを制御するもので，モータの種類により制御回路が異なる．DC モータの場合は，H ブリッジ（H bridge）回路による方向制御や，PWM 制御による回転数制御が行われる．

(2) Hブリッジ

図6.8に，Hブリッジによる DC モータの制御原理を示す．Hブリッジという用語は，図の回路の形がアルファベットのHに似ているためである．Hブリッジは，四つのスイッチ（S1〜S4）で構成される（図(a)）．ここで，VM はモータに印加する外部電源の電圧である．DC モータには二つの端子があり，この端子に電圧を印加することによってモータを駆動する．図からわかるように，S1とS4を ON にするとモータは正転（図(b)）し，S3とS2を ON すると逆転（図(c)）する．ただし，S1とS2，およびS3とS4は同時に ON すると電源が短絡状態になるので行ってはならない．

表6.3に，スイッチの組み合わせとその効果を示す．

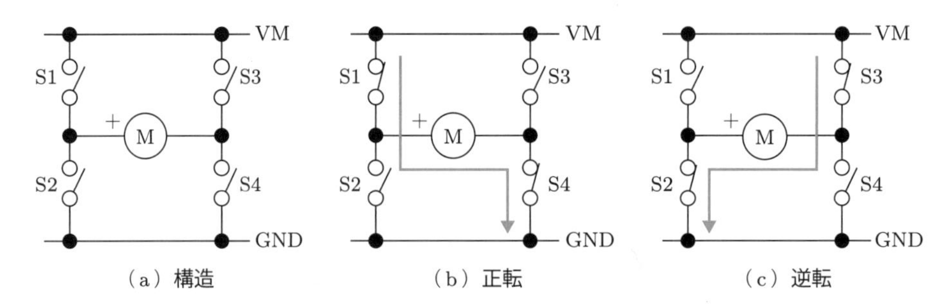

図6.8　Hブリッジによる DC モータの制御原理

表6.3　Hブリッジの状態表

S1	S2	S3	S4	状　態
1	0	0	1	正転
0	1	1	0	逆転
0	1	0	1	ブレーキ
1	0	1	0	
1	1	0/1	0/1	ショート
0/1	0/1	1	1	
0	0	0	0	惰性運転
1	0	0	0	
0	1	0	0	
0	0	1	0	
0	0	0	1	

表に示すように，S1とS4がONで正転，S2とS3がONで逆転する．S2とS4またはS1とS3をONするとモータの両端が短絡されるのでブレーキがかかる．また，前述のようにS1とS2またはS3とS4をONすると電源のショート状態となるので，これは行ってはならない．それ以外は，モータは惰性運転となる．

上記の説明ではスイッチを用いたが，実際には，モータドライブ用の専用ICが用いられる．専用ICでは，S1とS3にPチャンネル MOSFET，S2とS4にNチャンネル MOSFET が用いられている．モータドライブ用の専用ICの選択においては，DC モータの動作電圧に見合ったものにする必要がある．

(3) DC モータの仕様

本実習では，1.5 V を加えるだけで回転する手軽な DC モータ（FA-130RA）を用いる．表 6.4 はデータシートからの仕様抜粋である．DC モータの電源は，Raspberry Pi から供給するのではなく，単 3 乾電池 2 本を用いることにする．図 6.9 に FA-130RA の外観とモータドライバ（TB6612 使用 2 チャンネルモータドライブ）との接続方法を示す．

表 6.4　DC モータ（FA-130RA）の仕様（抜粋）

項　目	値	項　目	値
電圧範囲［V］	1.5 ～ 3.0（標準 1.5）	無負荷時電流［A］	0.2（0.26 max）
無負荷時回転［rpm］	8100 ～ 9900	定格負荷時電流［A］	0.66（0.85 max）
定格負荷時回転数［rpm］	7000	負荷［g･cm］	6.0
負荷出力［W］	0.43	効率［%］	44
静止電流［A］	2.2	静止トルク［g･cm］	26

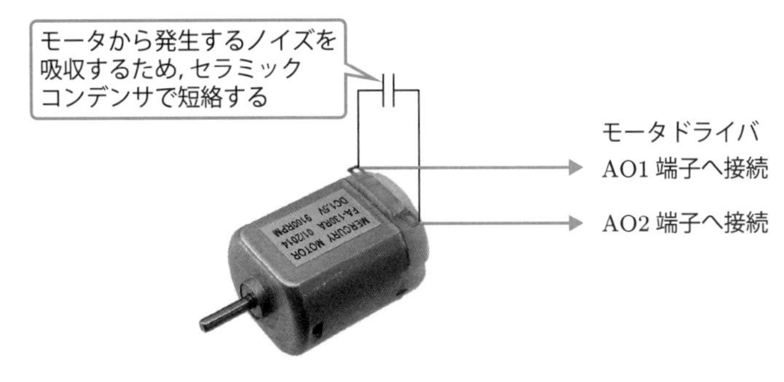

図 6.9　外観と接続方法

(4) モータドライバ（TB6612 使用 2 チャンネル DC モータドライバ）

多くの書籍でモータドライバとして TA7291P が記載されているが，このモータドライバはすでに生産終了となっている．

そのシリーズとして入手可能なモータドライバに TB6643KQ（秋月電子通商の通販コード I-07688）がある．そのデータシートによると，動作電圧：10 ～ 45 V，出力電流：4.0 ～ 4.5 A である．したがって，DC モータとして動作電圧が 5 ～ 15 V の PWN10EB12CB（同 P-10024）と，外部電源としてスイッチング AC アダプタ 5V4A（同 M-10660）などを準備すれば，TB6643KQ を利用した DC モータ制御の動作確認ができる．

しかし本実習では，より安価な，動作電圧が 1.5 ～ 3.0 V のホビー用の DC モータ（FA-130RA）と，モータドライバ TB6612（外部電源:2.5 ～ 13.5 V）を用いる．表 6.5 に示した「TB6612 使用 2 チャンネル DC モータドライバ」は，独立した二つの H ブリッジが内蔵されている．三つの入力信号（IN1，IN2，PWM）により，正転・逆転・ショート（ブレーキ）・ストップの四つのモードが選択でき，A と B の二つのチャンネルで独立したモータ制御が可能である．表 6.5 にモータドライバのデータシートからの仕様抜粋を示す．電源電圧は，モータ側は電池ボックスからの 3.0 V，小信号側（Raspberry Pi 側）は，3.3 V を用いる．図 6.10 にモータドライバの外観と接続方法を示す．なお，

表6.5　TB6612使用2チャンネルDCモータドライバの仕様（抜粋）

項　目		値
電源電圧［V］	モータ側	2.5～13.5
	小信号側	2.7～　5.5
出力低ON抵抗［Ω］		0.5
出力電流［A］		1.2（1 chあたり）

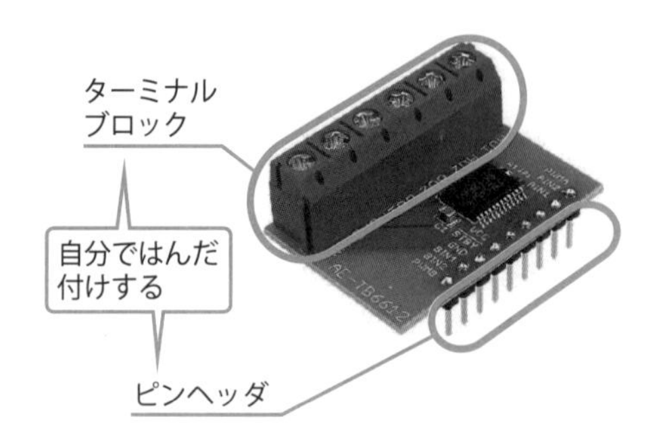

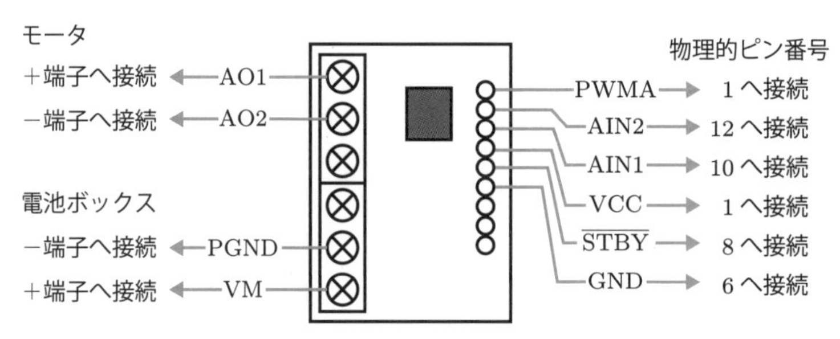

図6.10　外観と接続方法

TB6612使用2チャンネルDCモータドライバは，図に示すように組立セットとして提供されるので，「ピンヘッダ」と「ターミナルブロック」をはんだ付けする必要がある．

表6.6に制御ルールの真理値表を示す．入力IN1とIN2の，LOWとHIGHの組み合わせでDCモータの動作を決定する．

表6.6　制御ルールの真理値表

入　力				出　力		
IN1	IN2	PWM	STBY	OUT1	OUT2	モード
L	L	H	H	OFF	OFF	ストップ
L	H	H	H	L	H	逆転（反時計回り）
H	L	H	H	H	L	正転（時計回り）
H	H	H	H	L	L	ショート（ブレーキ）

(5) 配　線

部品がそろったら，図6.11のように配線する．

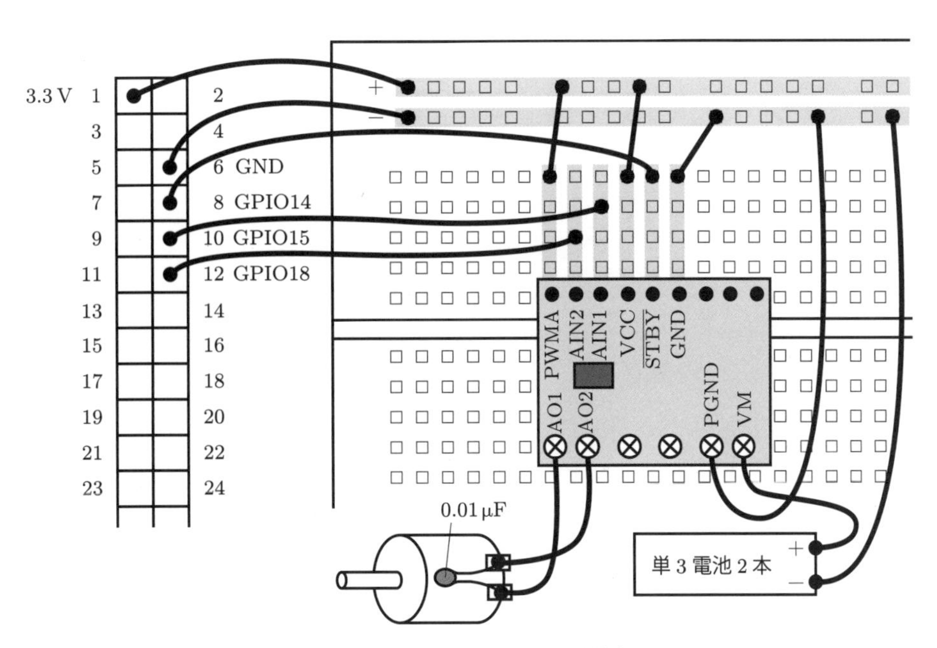

図 6.11 配線（DC モータの制御）

(6) コマンドラインによる DC モータの回転方向制御

それでは，まずモータを接続しない状態でドライバ単独の動作を確認してみよう．

1) ピン状態の確認： GPIO14，15，18（物理的ピン番号 8，10，12）のモードは，すべて IN となっていることを確認する．

```
gpio readall
```

2) ピンモードを OUT に変更： GPIO14，15，18 のモードをすべて OUT に変更し，確認する．

```
gpio -g mode 14 out
gpio -g mode 15 out
gpio -g mode 18 out
gpio readall
```

3) モータの正転： GPIO14 = 1，GPIO15 = 1，GPIO18 = 0 として，モータが正転する入力（STBY = HIGH，IN1 = HIGH，IN2 = LOW）になっていることを確認する．

```
gpio -g write 14 1
gpio -g write 15 1
gpio -g write 18 0
gpio readall
```

4）ストップ：　GPIO14 = 1，GPIO15 = 0，GPIO18 = 0として，モータがストップする入力（STBY = HIGH，IN1 = LOW，IN2 = LOW）になっていることを確認する．

```
gpio -g write 15 0
gpio readall
```

5）モータの逆転：　GPIO14 = 1，GPIO15 = 0，GPIO18 = 1として，モータが逆転する入力（STBY = HIGH，IN1 = LOW，IN2 = HIGH）になっていることを確認する．

```
gpio -g write 18 1
gpio readall
```

（7）DCモータの回転方向制御

それでは，コマンドラインでのモータドライバの動作が確認できたので，DCモータを接続する．プログラム6.3に，DCモータ（FA-130RA）の回転方向制御プログラムを示す．DCモータが，正転→停止→反転→停止と動作する．

プログラム6.3　DCモータの回転方向制御（motor_direction.py）

```
# motor_direction.py        (p6-3)

import spidev               # spidevモジュールのインポート
import RPi.GPIO as GPIO     # RPi.GPIOモジュールをGPIOとしてインポート
from time import sleep      # timeモジュールからのsleep関数のインポート

def main():                   # main関数
  GPIO.setmode(GPIO.BCM)    # BCMピン番号の使用宣言
  STBY = 14                 # GPIO14をSTBYピンに設定
  IN1  = 15                 # GPIO15をIN1ピンに設定
  IN2  = 18                 # GPIO18をIN2ピンに設定

  GPIO.setup(STBY, GPIO.OUT)  # STBYピンを出力ピンに指定
  GPIO.setup(IN1,  GPIO.OUT)  # IN1ピンを出力ピンに指定
  GPIO.setup(IN2,  GPIO.OUT)  # IN2ピンを出力ピンに指定

  GPIO.output(STBY, GPIO.LOW)  # STBYピンをLOW出力

  # Drive Motor Clockwise (H,L)  # 正転出力
  print("----- Drive Motor Clockwise (H,L) -----")
  GPIO.output(STBY, GPIO.HIGH)   # STBYピンをHIGH出力
  GPIO.output(IN1, GPIO.HIGH)    # IN1ピンをHIGH出力
  GPIO.output(IN2, GPIO.LOW)     # IN2ピンをLOW出力

  sleep(1)  # 1sスリープ

  # STOP                        # 停止
  print("----- STOP -----")
  GPIO.output(STBY, GPIO.HIGH)  # STBYピンをHIGH出力
  GPIO.output(IN1, GPIO.LOW)    # IN1ピンをLOW出力
  GPIO.output(IN2, GPIO.LOW)    # IN2ピンをLOW出力
```

```
    sleep(3)  # 3s スリープ

    # Drive Motor Counterclockwise (L,H)  # 逆転出力
    print("----- Drive Motor Counterclockwise (L,H) -----")
    GPIO.output(STBY, GPIO.HIGH)          # STBY ピンを HIGH 出力
    GPIO.output(IN1, GPIO.LOW)            # IN1 ピンを LOW 出力
    GPIO.output(IN2, GPIO.HIGH)           # IN2 ピンを HIGH 出力

    sleep(3)  # 3s スリープ

    # STOP                       # 停止
    print("----- STOP -----")
    GPIO.output(STBY, GPIO.HIGH)  # STBY ピンを HIGH 出力
    GPIO.output(IN1, GPIO.LOW)    # IN1 ピンを LOW 出力
    GPIO.output(IN2, GPIO.LOW)    # IN2 ピンを LOW 出力

    GPIO.output(STBY, GPIO.LOW)  # STBY ピンを LOW 出力
    GPIO.cleanup()               # GPIO ピンをクリーンアップ

if __name__ == "__main__":  # プログラムの起点
    main()
```

実行結果　python3 motor_direction.py で実行する．
DC モータが，正転→停止→逆転→停止と動作する．

(8) DC モータの回転方向・速度制御プログラム

プログラム 6.4 に，DC モータ（FA-130RA）の回転方向·速度制御プログラムを示す．プログラムを起動すると，“Command: f/r 0..9” と表示され入力待ちになる．正転の場合 “f”，逆転の場合 “r” として，引き続いて PWM のデューティ比を 1 ～ 9 として入力する．これが，DC モータへの回転方向と速度の指令値となる．回転方向の “f” は forward（正転），“r” は reverse（逆転）の意味である．回転速度の 0 ～ 9 は，デューティ比であり，1 → 10%，2 → 20%，…，9 → 90% である．

たとえば，f2，f4，f6 と入力していくと，DC モータがデューティ比 20%，40%，60% で正転し，モータの速度が徐々に上昇していく様子が確認できる．そして，f4，f2，f0 と入力していくと，DC モータが徐々に減速し停止する様子が確認できる．逆転するには，前述の “f” を “r” に変更すればよい．

プログラム 6.4　DC モータの回転方向・速度制御（motor_pwm.py）

```
# motor_pwm_pwm.py       (p6-4)

import RPi.GPIO as GPIO  # RPi.GPIO モジュールを GPIO としてインポート
from time import sleep   # time モジュールからの sleep 関数のインポート

def main():                 # main 関数
  GPIO.setmode(GPIO.BCM)    # BCM ピン番号の使用宣言
  STBY = 14                 # GPIO14 を STBY ピンに設定
  IN1  = 15                 # GPIO15 を IN1 ピンに設定
  IN2  = 18                 # GPIO18 を IN2 ピンに設定
```

```
  GPIO.setup(STBY, GPIO.OUT)  # STBY ピンを出力ピンに指定
  GPIO.setup(IN1,  GPIO.OUT)  # IN1 ピンを出力ピンに指定
  GPIO.setup(IN2,  GPIO.OUT)  # IN2 ピンを出力ピンに指定

  # STANDBY
  print("----- STANDBY -----")
  GPIO.output(STBY, GPIO.LOW)  # STBY ピンを LOW 出力

  pwm = GPIO.PWM(STBY, 50)  # PWM のインスタンス化（50Hz）
  pwm.start(0)              # pwm を開始（デューティ比 =0）

  def clockwise():                  # 正転関数
    GPIO.output(IN1, GPIO.HIGH)  # IN1 ピンを HIGH 出力
    GPIO.output(IN2, GPIO.LOW)   # IN2 ピンを LOW 出力

  def counter_clockwise():          # 逆転関数
    GPIO.output(IN1, GPIO.LOW)   # IN1 ピンを LOW 出力
    GPIO.output(IN2, GPIO.HIGH)  # IN2 ピンを HIGH 出力

  try:
    while True:                          # 無限ループ
      cmd = input("Command: f/r 0..9 ")
      cmd = cmd.replace(" ","")          # スペースを削除
      #print("cmd[0]= ",cmd[0],"  cmd[1] = ",cmd[1])
      direction = cmd[0]                 # 回転方向（f: 正転  r: 逆転）
      if direction == "r": clockwise()   # r であれば正転関数呼び出し
      else: counter_clockwise()          # そうでなければ，逆転関数呼び出し

      speed = int(cmd[1])*10          # 回転速度 デューティ比：0 ～ 90%
      print(speed)
      pwm.ChangeDutyCycle(speed)  # デューティ比変更

    sleep(1)  # 1s スリープ

  except KeyboardInterrupt:  # Ctrl+C で無限ループからの脱出
    pass                    # 何もしない

  pwm.stop()      # pwm 停止
  GPIO.cleanup()  # GPIO ピンをクリーンアップ

if __name__ == "__main__":  # プログラムの起点
  main()
```

実行結果

python3 motor_pwm.py で実行する．

デューティ比 20%で正転：

```
Command: f/r 0..9  f2
```

デューティ比 50%で正転：

```
Command: f/r 0..9  f5
```

停止：

```
Command: f/r 0..9  f0
```

デューティ比 30%で逆転：

```
Command: f/r 0..9  r3
```

デューティ比 80%で逆転：

```
Command: f/r 0..9  r8
Ctrl+C で終了する.
```

6.5 実習例題

サーボモータの制御プログラムを作成せよ.

(1) サーボモータ制御の基礎

サーボモータ（servo motor）は，サーボ機構により，回転軸の角度や速度が制御できる特殊なモータである．サーボ機構は追従機構ともよばれ，物体の位置，方向，姿勢などを制御量として，目標値に追従するように自動で動作する仕組みのことをいう．ラテン語の“servus（召使）”がサーボ（servo）の語源である．主人の命令に従う servus と同じような動作を目標としているので，この用語が用いられている．サーボモータの種類には，DC サーボモータと AC サーボモータがある．本書で取り扱うのは，DC サーボモータである．動作原理は，モータ軸の回転角度と回転速度エンコーダで検出し，フィードバック制御で目標値に合わせるようになっている．

(2) 準　備

必要な物品を表 6.7 に示す.

表 6.7　第 6 章実習例題で用いる物品

No.	物　品	秋月電子通商の通販コード	価　格（2021.8 現在）
1	マイクロサーボ 9g SG-90	M-08761	400 円
2	電池ボックス 単 3 × 4 本タイプ	P-01972	60 円
3	整流ダイオード 1000 V 2 A	I-00124	20 円

Raspberry Pi において Python で利用できる GPIO 制御ライブラリは，これまで利用している RPi.GPIO のほかにも WiringPi や pigpio などがある．これらの中から，ここでは精度の高い PWM 信号を出力できる pigpio ライブラリを用いる．提供元のホームページ（http://abyz.me.uk/rpi/pigpio/）を参照すると，pigpio は下記のような特徴をもつライブラリであると説明されている．

① pigpio デーモンと通信して GPIO を制御する.

② Windows，Mac，Linux で実行できる.

③ GPIO0 ～ 31 の任意の一つ以上のハードウェア PWM を制御する.

④ GPIO0 ～ 31 の任意の一つ以上のハードウェアサーボパルスを制御する.

⑤ GPIO0 ～ 31 の任意の状態が変化したときのコールバックが行える.

⑥ 正確なタイミングの作成と出力ができる.

⑦ GPIOの入力／出力モードの設定ができる．

⑧ I^2C，SPI，シリアル接続のラッパーになる．

⑨ pigpioデーモンでのスクリプトの作成と実行ができる．

ここで，①のデーモンとはRaspberry PiのOSであるRaspbianのようなマルチタスクOSにおいて，主メモリに常駐しておもにバックグラウンドでサービスを提供するプロセスのことである．したがって，pigpioモジュールを用いるには，まずpigpioをデーモンとして起動しておく必要があることに注意する．また，③～⑤に記述されているように，pigpioはPWMとして32個のGPIOが利用でき，サーボモータ用にも精度のよいPWM信号を生成できる．さらに，pigpioはネットワーク経由でのGPIO制御もできるため，RPi.GPIOやWiringPiモジュールでは実現できない優れた機能を提供しているといえる．

それでは，まずpigpioのインストールを行う．

```
sudo apt-get install pigpio
```

次に，pigpiod（デーモン）を起動する．

```
sudo pigpiod
```

Linuxのpsコマンドで動作中のプロセスを確認すると，リスト中にpigpiodがrootユーザで起動していることがわかる．

```
sudo ps -aux
```

(3) サーボモータの仕様

サーボモータ（SG-90）の仕様を表6.8に示す．これはデータシートからの抜粋である．サーボモータもRaspberry Piに直接接続してはならないため，使用するサーボモータの動作電圧に見合った外部電源を準備する必要がある．VDD = 4.8～5.9 Vであるので，5 Vのスイッチングアダプタを用いることもできるが，単3電池4本と整流ダイオードで代用する．図6.12に外観と接続方法を示す．

表6.8　SG-90（サーボモータ）の仕様（抜粋）

項　目	値	項　目	値
動作電圧 VDD［V］	4.8～5.0	PWMサイクル［ms］	20
制御パルス［ms］	0.5～2.4	制御角［°］	± 90（180）
トルク［kgf·cm］	1.8	動作速度［s/60°］	0.1

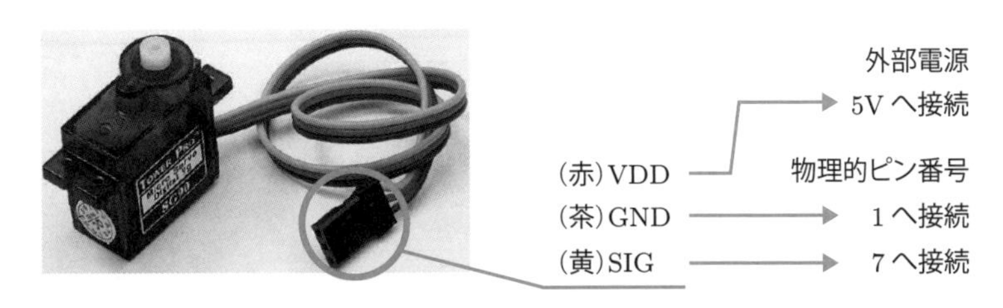

図 6.12　外観と接続方法

表 6.9　SG-90（サーボモータ）の制御角とパルス幅との関係

制御角［°］	− 90	0	+90
パルス幅［μs］	～ 500	1450	2500
サーボモータの状態	前	前	前

サーボモータ（SG-90）の制御は，SIG 端子に与える PWM 信号のパルス幅で行なわれる．表 6.9 に，制御角とパルス幅の関係を示す．

(4) 配　線

部品がそろったら，図 6.13 のように配線する．

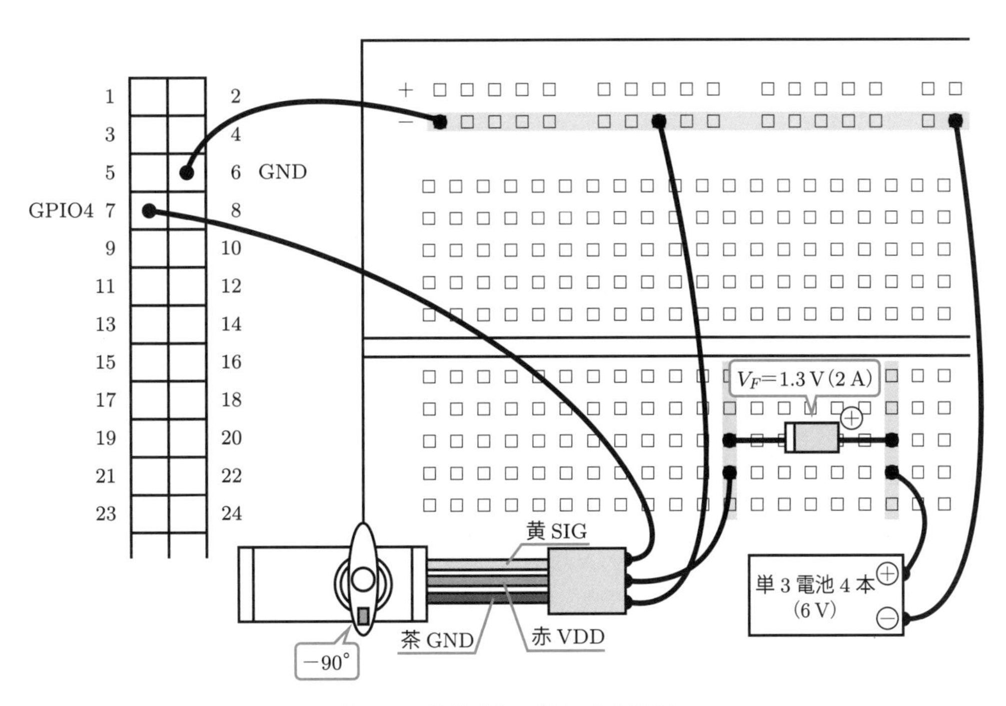

図 6.13　配線（サーボモータの制御）

(5) コマンドラインによるサーボモータの制御

それでは，プログラムでの動作テストの前に，コマンドラインによるサーボモータの動作を確認する．

コマンドラインによるサーボモータの動作確認

1）中央（0°）に回転することを確認：　GPIO4 に出力するパルス幅を 1450 μs として回転角度を 0° とする．

```
pigs s 4 1450
```

2）－ 90° に回転することを確認：　GPIO4 に出力するパルス幅を 500 μs として回転角度を－ 90° とする．

```
pigs s 4 500
```

3）90° に回転することを確認：GPIO4 に出力するパルス幅を 2500 μs として回転角度を＋ 90° とする．

```
pigs s 4 2500
```

(6) サーボモータ制御のプログラム

プログラム 6.5 に，サーボモータ制御のプログラムを示す．サーボモータの回転角度が，－ 90° → 0° → 90° → 0° →－ 90° と動作する．

プログラム 6.5　第 6 章実習例題（servo.py）

```
# servo.py      (p6-5)

import pigpio              # pigpio モジュールのインポート
from time import sleep     # time モジュールからの sleep 関数のインポート

def main():              # main 関数
  pi = pigpio.pi()       # 初期化処理

  pi.set_servo_pulsewidth(4, 500)    # 出力パルス幅を 500us に設定（-90 度）
  sleep(1)                           # 1s スリープ
  pi.set_servo_pulsewidth(4, 1450)   # 出力パルス幅を 1450us に設定（0 度）
  sleep(1)                           # 1s スリープ
  pi.set_servo_pulsewidth(4, 2500)   # 出力パルス幅を 2500us に設定（+90 度）
  sleep(1)                           # 1s スリープ
  pi.set_servo_pulsewidth(4, 1450)   # 出力パルス幅を 1450us に設定（0 度）
  sleep(1)                           # 1s スリープ
  pi.set_servo_pulsewidth(4, 500)    # 出力パルス幅を 500us に設定（-90 度）
  sleep(1)                           # 1s スリープ

if __name__ == "__main__":  # プログラムの起点
  main()
```

実行結果　python3 servo.py で実行する．
-90° → 0° → 90° → 0° → -90° と回転する．

CHAPTER 7 無線モジュール（XBee）

本章では，無線モジュール XBee（エックスビー）の使用方法について説明する．XBee は無線通信規格 ZigBee（ジグビー）に対応した小型モジュールである．XBee を用いると，大規模な無線ネットワークを簡単に構築することができる．本章では，XBee を利用して遠隔でのタクトスイッチの状態と明るさセンサの測定値読み取りを行う．必要な基礎知識は，ZigBee，コーディネータ，ルータ，エンドデバイス，PAN ID，IEEE 64 ビットアドレス，16 ビットアドレス，チャンネル，AT モード，API モードである．

本章で必要な物品を，表 7.1 に示す．

表 7.1　第 7 章で用いる物品

No.	物　品	秋月電子通商の通販コード	価　格（2021.8 現在）
1	XBee ZB SC2 モジュール × 2	M-10072	2,500 円 × 2
2	XBee 用 2.54 mm ピッチ変換基板 × 2	P-05060	300 円 × 2
3	XBee USB インタフェースボードキット × 2	K-06188	1,280 円 × 2
4	USB ケーブル　USB2.0 A オス－マイクロ B オス　0.15 m × 2	C-09312	100 円 × 2
5	タクトスイッチ（白色）　※第 2 章と共通	P-03648	10 円
6	CdS セル 5 mm タイプ	I-00110	30 円
7	三端子レギュレータ 3.3 V 1 A TA48033S	I-00534	100 円
8	電池ボックス 単 3 × 4 本 リード線	P-02671	70 円
9	抵抗 39 kΩ（100 本入）	R-25393	100 円

7.1 ZigBee の基礎

(1) 基本事項

ZigBee は，センサネットワークを目的とした無線通信規格の一つである．基礎部分の（電気的な）仕様は IEEE 802.15.4 として規格化されている．論理層以上の機器間の通信プロトコルについては,「ZigBee アライアンス（ZigBee Alliance）」が仕様の策定を行っている．IEEE 802.15.4 で利用できる周波数は表 7.2 に示すようになっており，国内では 2.4 GHz 帯が用いられる．

表 7.2　IEEE 802.15.4 で利用できる周波数

周波数	地　域	チャンネル
868 MHz	欧州	0
915 MHz	米国	1 ～ 10（906 MHz から 2 MHz 刻みで全 10 チャンネル）
2.4 GHz	世界共通	11 ～ 26（2405 MHz から 5 MHz 刻みで全 16 チャンネル）

(2) デバイスのタイプ

ZigBeeでは3種類のデバイスタイプが存在する．

① コーディネータ（coordinator）：　ZigBeeネットワークには，必ず一つのコーディネータが存在しなければならない．コーディネータは，ネットワークを形成し，アドレスを配布し，セキュリティ認証などのネットワーク管理機能をもつ．

② ルータ（router）：　既存のZigBeeネットワークに参加し，データを伝送し，データやルート情報を受信することができる中継器の能力をもったデバイスである．また，ルータは，いつデータの中継を依頼されるかわからないため原則としてスリープしない．

③ エンドデバイス（end device）：　センサなどと接続してデータを収集しながら間欠動作でき，接続先ルータやコーディネータに固定的にデータを送信するデバイスである．

(3) ネットワークのタイプ

ネットワークのタイプには，スター（star），ツリー（tree），メッシュ（mesh）などがある．

(4) PAN ID（Personal Area Network Identification）

コーディネータは，PAN IDと称される16ビットのアドレスでZigBeeネットワークを構築する．すなわち，同じPAN IDを有するルータやエンドデバイスが同一ネットワークのメンバーになる．16ビットのアドレスなので，$2^{16} = 65536$のPAN IDが利用できる．そして，一つのPAN IDのネットワークにも最大で65536のデバイスを接続することができるので，理論的には65536^{65536}という無数のデバイスからなるネットワークを構築できることになる．

(5) アドレス

ZigBeeには，以下の2種類のアドレスが用いられている．

① IEEE 64ビットアドレス：　デバイスに固有の識別子である．世界中でただ一つのユニークな64ビットアドレスである．手元のXBeeデバイスの裏面には以下のような記載があるが，この0013A20040BBE693がIEEE 64ビットアドレスである．

```
0013A200
40BBE693
```

② 16ビットアドレス：　ネットワークに参加するときに動的に割り当てられるアドレスである．同一のPAN IDの中では必ず一意である必要がある．このアドレスは，ショートアドレスともよばれる．

(6) チャンネル

同一の PAN ID をもつデバイス間でも，同一の周波数を用いていなければ通信はできない．表 7.3 は 2.4 GHz 帯の IEEE 802.15.4 の周波数チャンネルである．表より利用可能なチャンネル数は 16 個であることがわかる．

表 7.3　2.4 GHz 帯の IEEE 802.15.4 のチャンネル

チャンネル	中心周波数［MHz］	チャンネル	中心周波数［MHz］
11	2405	19	2445
12	2410	20	2450
13	2415	21	2455
14	2420	22	2460
15	2425	23	2465
16	2430	24	2470
17	2435	25	2475
18	2440	26	2480

コーディネータは一つのネットワークに一つだけ存在するが，ショートアドレスは必ず 0x0000 が使用されている．したがって，同一 PAN ID のエンドデバイスは，事前にアドレスを調べることなく，収集したデータをコーディネータへ周期的に送信できる．

(7) 送信パワーと受信感度

通信距離は，送信パワーと受信感度で決定される．表 7.4 は IEEE 802.15.4 の物理層に関する主要パラメータである．

表 7.4　IEEE 802.15.4 の物理層の主要パラメータ

パラメータ	規定値	説　明
データ伝送速度［kbps］	250	理論上の最高データ伝送速度
送信パワー［dBm］	− 3 以上	最大 10 mW/MHz（国内仕様）
受信感度［dBm］	− 85 以下	正常に受信するための必要最低電波強度

(注) dBm とは，電力を 1 ミリワット（mW）を基準値とするデシベル (dB) の値で表した単位である．dBm と電力 P［mW］とは，以下の関係がある．

$$dBm = 10 \cdot \log_{10} P$$

dBm を用いると，非常に大きな値から非常に小さな値までを，以下のように少ない桁数の数字で表すことができる．

1 μW = − 30 dBm，1 mW = 0 dBm，1 W = 30 dBm，1 kW = 60 dBm

7.2 XBee（無線モジュール）

(1) 国内で使用が可能な XBee

XBee 無線モジュールは，Digi International（ディジ インターナショナル）による ZigBee 規格に準拠した電子機器モジュールである．XBee には多くの種類があるが，国内で利用可能な技適マーク（技術基準適合証明）が付されているモジュールを，図 7.1 と

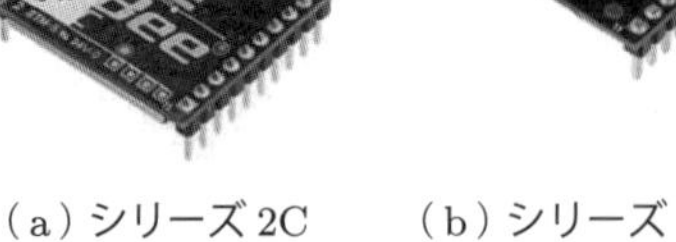

（a）シリーズ2C XBee ZB SC2（Wire）　（b）シリーズ3 XBee 3 ZigBee 3.0（U.F.L）　（c）XBee Wi-Fi XBee Wi-Fi S6B（Wire）

図7.1　国内で利用可能なXBee（一部）

表7.5　国内で利用可能なXBeeモジュール（一部）

タイプ	品　名	秋月電子通商の通販コード	価　格（2021.8現在）
シリーズ2C（S2C）	XBee ZB SC2（Wire）	M-10072	2,500円
	XBee ZB SC2 プログラマブル（Wire）	M-10166	2,900円
	XBee ZB SC2 プログラマブル（U.FL）	M-10165	2,900円
	XBee ZB SC2 プログラマブル（RPSMA）	M-10164	2,900円
シリーズ3	XBee 3 ZigBee 3.0（U.FL）	M-13931	2,210円
	XBee 3 ZigBee 3.0（RPSMA）	M-13932	2,210円
XBee Wi-Fi	XBee Wi-Fi S6B（Wire）	M-09215	4,700円
	XBee Wi-Fi S6B（U.FL）	M-06678	3,680円
	XBee Wi-Fi S6B（RPSMA）	M-05783	3,500円

Wire：ワイヤアンテナタイプ
U.FL：U.FLコネクタタイプ（XBee 2.4 GHz U.FLアンテナ取付け：M-05809）
RPSMA：RPSMAコネクタタイプ（XBee 2.4 GHz RPSMAアンテナ取付け：M-05810）

表7.5に示す．本実習では，図7.1（a）のシリーズ2（S2C）を2個用いる．

（2）XBeeのピン配置

国内で利用可能なXBeeは，図7.1に示したように，シリーズ2C，シリーズ3，XBee Wi-Fiに大別される．シリーズ2は，従来のS2からS2Cに変更されている（S2は生産終了）．S2では，コーディネータ，ルータ，エンドデバイスのモードごとにファームウェアを更新する必要があったが，S2Cではすでにすべてのモードが実装されているため，設定の変更だけでモードの変更が行えるようになっている．

XBeeピン配置は，シリーズ2C，シリーズ3，XBee Wi-Fiで少し異なっているので，使用するXBeeの仕様を調べて利用する必要がある．ここでは，実習で使用するシリーズ2C（S2C）のピン配置を表7.6，図7.2に示す．

表 7.6　**ピン番号と名称**

モジュール基板	XBee シリーズ 2C	説　明
1　GND	—	電源グランド
2　3.3V	1　VCC	XBee 電源
3　DOUT	2　DOUT/DIO13	UART データ出力(シリアル送信 Tx)／ディジタル入出力 13
4　DIN	3　DIN/$\overline{\text{CONFIG}}$/DIO14	UART データ入力（シリアル受信 Rx）／CONFIG 入力（LOW：CONFIG）／ディジタル入出力 14
5　DO8	4　DIO12/SPI_MISO	ディジタル入出力 12／SPI スレーブアウト
6　RST	5　$\overline{\text{RESET}}$	モジュールリセット入力（LOW：リセット）
7　RSSI	6　PWM0/RSSI/DIO10	PWM 出力 0／Rx 信号強度インデックス／ディジタル入出力 10
8　PWM1	7　PWM1/DIO11	PWM 出力 1／ディジタル入出力 11
9　RSVD	8　—	未使用
10　DTR	9　$\overline{\text{DTR}}$/SLEEP_RQ/DIO8	データ・ターミナル・レディ・フロー制御／スリープ制御／ディジタル入出力 8
11　GND	10　GND	電源グランド
12　5V	—	—
13　DIO4	11　DIO4	ディジタル入出力 4
14　CTS	12　$\overline{\text{RTS}}$/DIO7	クリア・ツー・センド・フロー制御／ディジタル入出力 7
15　SLEEP	13　ON/$\overline{\text{SLEEP}}$/DIO9	モジュール状態表示／スリープ（LOW：SLEEP）／ディジタル入出力 9
16　VREF	14　VREF	電圧リファレンス
17　DIO5	15　Associate/DIO5	アソシエイト表示／ディジタル入出力 5
18　RTS	16　$\overline{\text{RTS}}$/DIO6	リクエスト・ツー・センド・フロー制御／ディジタル入出力 6
19　DIO3	17　AD3/DIO3/SPI_$\overline{\text{SSEL}}$	アナログ入力 3／ディジタル入出力 3／SPI スレーブセレクト
20　DIO2	18　AD2/DIO2/SPI_CLK	アナログ入力 2／ディジタル入出力 2／SPI クロック
21　DIO1	19　AD1/DIO1/SPI_$\overline{\text{ATTN}}$	アナログ入力 1／ディジタル入出力 1／SPI アテンション
22　DIO0	20　AD0/DIO0/Commissioning Button	アナログ入力 0／ディジタル入出力 0／コミッショニングボタン

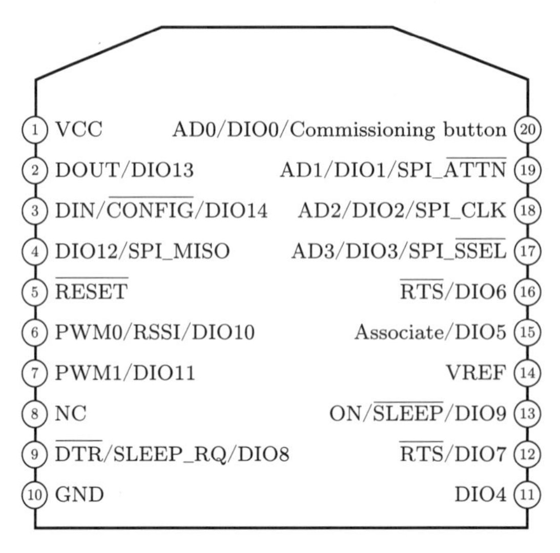

図 7.2　XBee シリーズ 2C のピン配置

(3) XBee のデフォルト設定

表 7.7 にデフォルトの通信設定を示す．ここで，ボーレート（baudrate）はデジタルデータを 1 秒間に変調できる回数を示す値である．また，送信相手が準備できていないときにデータを送るとデータの取りこぼしが発生する．フロー制御は，データの取りこぼしを防止するための方法である．

表 7.7　XBee のデフォルト設定

項　目	設定値
ボーレート	9600
データ	8 ビット
パリティ	なし
ストップビット	1
フロー制御	なし
改行コード	CR + LF
ローカルエコー	オン

7.3 XBee の設定ソフトウェア

XBee の設定ソフトウェアとして，ディジ インターナショナルが提供している XCTU がある．また，Windows の Tera Term や CoolTerm，そして Linux の picocom なども利用できる．

(1) XCTU のインストール

ここでは，Windows10 に XCTU をインストールする方法を示す．本書の執筆時点では，Raspberry Pi へ XCTU をインストールすることはできないので，Windows PC を用いる．

XCTUのダウンロード

1）https://www.digi.com/support/productdetail/?pid=3352にアクセスする．
2）「XCTU Software」の「Diagnostics, Utilities and MIBs」をクリックする．
3）「DOWNLOAD XCTU」の「XCTU v. 6.5.0 Windows x86/x64」をクリックする．バージョンは最新のものを選択する．ここで，x86は32ビット，x64は64ビットの意味である．

！ ダウンロードには数分かかるので気長に待とう．

XCTUのインストール

1）ダウンロードされた「40003020_Y.exe 」をダブルクリックする．「この不明な発行元からのアプリがデバイスに変更を加えることを許可しますか？」のような警告メッセージが表示されたら，「はい」をクリックする．
2）Welcome to the XCTU Setup Wizard画面の「Next」をクリックする．
3）License Agreement画面の「I accept the agreement」を選択し，「Next」をクリックする．
4）windowsの種類が表示された画面の「Next」をクリックする．
5）Installation Directory画面の「Next」をクリックする．
6）USB drivers for cellular modems画面の「Next」をクリックする．
7）Ready to Install画面の「Next」をクリックする．
8）Digi USB RF Device Driver Setup画面が立ち上がる．
9）Welcome画面の「Next」をクリックする．
10）Choose Install Location画面の「Next」をクリックする．
11）Installation complete画面の「Next」をクリックする．
12）Completing…画面の「Next」をクリックする．
13）Windowsセキュリティ「このデバイスソフトウェアをインストールしますか？」画面が表示されたら「インストール」をクリックする．
14）Completing…画面の「Finish」をクリックする．これでインストールは終了．
15）README画面が表示されたら，ひととおり目を通して「OK」をクリックする．
16）XCTUが立ち上がるので，ここでは終了しておく．次回からの起動は，ディスクトップの「XCTUショートカット」をクリックする．

！ 起動には時間を要するので気長に待とう．

(2) CoolTermのインストール

Windows10にCoolTermをインストールする方法を示す．

CoolTerm のダウンロードとインストール

1）https://coolterm.en.lo4d.com/windows にアクセスし，画面下部の「Download CoolTerm xx for Windows」をクリックする．バージョンは最新のものを選ぶ．
2）CoolTerm Download for Windos 画面の中ほどの「Download CoolTerm:」以降にダウンロードのリンクがあるのでクリックする．
3）ダウンロードされた「CoolTermWin.zip」を解凍する．
4）「CoolTermWin」フォルダ内の「CoolTerm.exe」のショートカットをデスクトップに作成する．
5）CoolTerm のショートカットをクリックして，CoolTerm が立ち上がることを確認する．確認できたら，ここでは終了しておく．

（3）Tera Term のインストール

Windows10 に Tera Term をインストールする方法を示す．

Tera Term のダウンロードとインストール

1）https://forest.watch.impress.co.jp/library/software/utf8teraterm/ にアクセスする．
2）ダウンロードされた「teraterm-xxx.exe」をダブルクリックする．
3）「teraterm-xxx.exe」のショートカットをデスクトップに作成する．
4）Tera Term のショートカットをクリックして，Tera Term が立ち上がることを確認する．確認できたら，ここでは終了しておく．

7.4　XBee ZB SC2（シリーズ 2C）

（1）XBee（シリーズ 2C）の仕様

実習で使用する XBee ZB SC2 モジュールの仕様を表 7.8 に示す．これはデータシートからの抜粋である．また，図 7.3 に外観と接続方法を示す．

表 7.8　XBee ZB SC2 の仕様（抜粋）

項　目	値	項　目	値
動作電圧 VCC［V］	2.1 ～ 3.6	パワーダウン電流［μA］	1
送信電流［mA］	33 ～ 45（VCC = 3.3 V）	データレート（無線）［kbps］	250
受信電流［mA］	28 ～ 31（VCC = 3.3 V）	データレート（シリアル）［Mbps］	1（最大）
室内到達距離［m］	60	受信感度［dBm］	− 100
室外到達距離［m］	1,200	受信感度（ブースト）［dBm］	− 102
送信出力［mW］	3.1（+ 5 dBm）	送信出力（ブースト）［mW］	6.3（+ 8 dBm）
シリアルインタフェース	UART, SPI	コンフィグレーション	API/AT コマンド
周波数帯域［GHz］	2.4	チャンネル	11 ～ 26

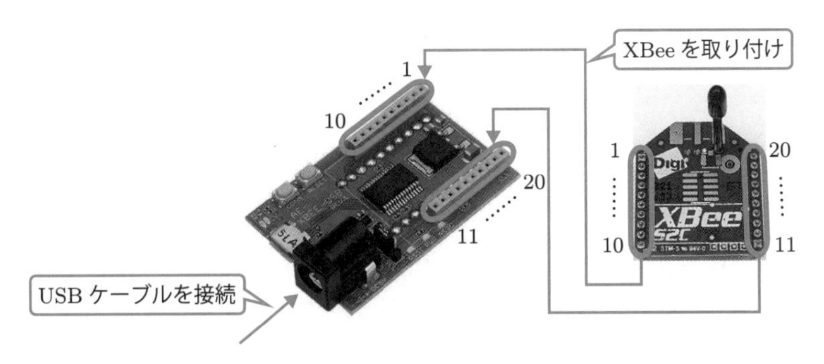

図 7.3　外観と接続方法

(2) ファンクションセット

ファンクションセットは，ファームウェアの種類のことである．XBee ZB SC2 モジュールは，表 7.9 に示す六つのファンクションセットが一つのファームウェアに書き込まれている．したがって，これまでのように，対応するファンクションセットごとにファームウェアの入れ替えは必要なく，設定により切り替えられる．

表 7.9　ファンクションセット XBee ZB S2C

No.	ファンクションセット	ファームウェア
1	ZigBee Router AT	デフォルト
2	ZigBee Router API	AP（API Enable）= API enable[1]
3	ZigBee Coordinator AT	CE（Coordinator Enable）= API enable[1]
4	ZigBee Coordinator API	AP（API Enable）= API enable[1] CE（Coordinator Enable）= API enable[1]
5	ZigBee End Device AT	SM（Sleep Mode）= Cyclic Sleep[4]
6	ZigBee End Device API	AP（API Enable）= API enable[1] SM（Sleep Mode）= Cyclic Sleep[4]

(3) ZigBee ネットワーク

ZigBee の端末のデバイスモードは，表 7.10 の 3 種類に分類される．

表 7.10　ZigBee の端末の種類

No.	種　類	説　明
1	ZigBee Coordinator（ZC）	ネットワーク内に 1 台存在し，ネットワークの制御を行う端末である．
2	ZigBee Router（ZR）	データ中継機能を含む ZigBee 端末である．
3	ZigBee End Device（ZED）	データ中継機能をもたない ZigBee 端末である．

実習で使用する XBee ZB SC2 では，表 7.11 のように設定パラメータを変更して実施する．表に示すように，SE = Enable[1] とすればコーディネータになり，ルータかエンドデバイスかは SM = Cyclic Sleep[4] とするか否かで決まる．SM = Cyclic Sleep[4] とすると，エンドデバイスとなる．

表7.11　XBee ZB S2C のデバイスモードの変更方法

No.	デバイスモード	設定パラメータ
1	ZigBee Coordinator AT	SE = Enable[1]
2	ZigBee Coordinator API	SE = Enable[1], AP = API enabled[1]
3	ZigBee Router AT	Default
4	ZigBee Router API	AP = Enabled[1]
5	ZigBee End Device AT	SM = Cyclic Sleep[4]
6	ZigBee End Device API	SM = Cyclic Sleep[4], AP = API enabled[1]

ZigBee ネットワークの特徴は，メッシュ型やツリー型のネットワークを構成し，ZigBee Router がデータを中継することで，直接電波の届かない端末間でも通信が可能な点にある．したがって，ZigBee ネットワークは一部の端末が停止した場合にも迂回経路を使って通信を継続でき，また低消費電力で広範囲な通信が可能なネットワークである．

7.5 AT モード

AT モードは，二つの XBee モジュール間で，無線化された UART 通信を行うモードである．XBee を無線通信のアンテナのように使用できるので，XBee（ローカル）を接続した Raspberry Pi 側からシリアルターミナルにデータを流し込めば，無線で遠隔の XBee（リモート）へ転送することができる．

(1) 透過モードとコマンドモード

AT モードに設定された XBee は，以下に示す「透過モード」と「コマンドモード」の二つがある．

- 透過モード：　デフォルトのモードである．XBee が受信した情報をそのまま無線に透過させるモードで，遠くにある宛先の XBee へデータを送信するために使われる．受信したデータはそのままシリアルポートへ出力される．
- コマンドモード：　パラメータの設定をするために XBee と直接対話するモードである．後述の「AT コマンド」に反応する．このモードに移行するためには，「+++」と半角のプラス記号を3個連続して入力し，Enter キーを押下せずにそのまま待つ．「OK」と応答があれば，XBee とシリアルで接続ができたことになる．応答がない場合は，もう一度繰り返せばよい．

表7.12 に，XBee の透過モードとコマンドモードの比較を示す．

表7.12　XBee の透過モードとコマンドモード

透過モード	コマンドモード
XBee を介して対話	XBee と直接対話
データは透過	AT コマンドに対して応答
デフォルトのモード	+++ でこのモードに移行
10 秒間待てばこのモードに移行	10 秒間入力なしで透過モードに移行

(2) ATコマンド

ここでは，XBeeで用いられる「ATコマンド」について説明する．ATコマンドはAttention（注意）を意味する「AT」からはじまる文字列である．表7.13に主要なATコマンドを示す．

表7.13 ATコマンド（抜粋）

ATコマンド	説 明
AT	●OKと応答する． ●応答がない場合は，コマンドモードに移行するために+++を入力する必要がある．
ATID	●設定されているXBeeのPAN IDが示される．PAN IDは，参加しているネットワークのIDであり，0x0～0xFFFFFFFFFFFFFFFFの範囲の16進数である（7.1節（4）参照）． ●ATID A100とすれば，PAN IDがA100に設定される．
ATSH	●XBeeに設定してある64ビットアドレス（固定）の上位32ビットが表示される．
ATSL	●XBeeに設定してある64ビットアドレス（固定）の下位32ビットが表示される．
ATDH	●XBeeに設定してある16ビットアドレス（宛先アドレス）の上位8ビットが表示される． ●コーディネータの16ビットアドレスは0x0000であるので，ルータやエンドデバイスには，宛先アドレスの上位に0x00を設定すればよい． ●ATDH 0とすれば，宛先アドレスの上位に0x00が設定される．
ATDL	●XBeeに設定してある16ビットアドレス(宛先アドレス)の下位8ビットが表示される． ●ATDL 0とすれば，宛先アドレスの下位に0x00が設定される．
ATNJ	●XBeeのネットワーク参加受付時間（秒）を設定する． ●ATNJ FFとすれば，無制限となる．
ATD0	●XBeeのピン番号20のAD0/DIO0/ Commissioning Buttonの状態が表示される． 1：Commissioning Button enable 2：アナログ入力 3：ディジタル入力 4：ディジタル出力（LOW） 5：ディジタル出力（HIGH） ●ATD0 2とすれば，アナログ入力が設定される． ●ATD0 3とすれば，ディジタル入力が設定される．
ATIR	●XBeeのサンプリング周期を設定する．デフォルトは0(サンプリング周期の設定なし)． ●サンプリング周期はミリ秒で指定（0x32～0xFFFF）する． ●1秒周期：ATIR 3E8，10秒周期：ATIR 2710，30秒周期：ATIR 7530，60秒周期：ATIR EA60
ATPR	●XBeeのI/Oピンの内部プルアップ･プルダウン（29 kΩ）の使用の有無を設定する．1：プルアップ，0：プルダウンである． ●デフォルトは0x7FFFである． ●ディジタル入力として設定されているピンのみ有効である． ●ビット位置とピン番号の対応は表7.14参照．
ATDR	●XBeeのI/Oピンの内部プルアップ・プルダウン（29 kΩ）の方向を設定する．1：プルアップ，0：プルダウンである． ●ビット位置とピン番号の対応はATPRと同一である． ●デフォルトは0x7FFFである． ●ディジタル入力として設定されているピンのみ有効である．
ATWR	●すべての設定情報をファームウェアに書き込む．

表 7.14　ATPR，ATDR でのビット位置とピン番号の対応

ビット位置	ピン番号	ビット位置	ピン番号
0	DIO4	7	DIN
1	AD3/DIO3	8	DIO5
2	AD2/DIO2	9	DIO9
3	AD1/DIO1	10	DIO12
4	AD0/DIO0	11	DIO10
5	DIO6	12	DIO11
6	DIO8	13	DIO7

(3) XCTU による XBee シリーズ 2（SC2）の設定

表 7.15 のように，1 台（XBee1）を「コーディネータ」，もう 1 台（XBee2）を「ルータ」に設定する．64 ビットアドレスは XBee ごとにユニークなアドレスであるので，網掛け部分に，手持ちの XBee の裏側に印刷されているアドレスを入れて設定しよう．

表 7.15　各 XBee の設定

対　象	ファンクションセット	64 ビットアドレス（固定）		PAN ID
		上位	下位	
XBee1	ZigBee Coordinator AT	0013A200		A001
XBee2	ZigBee Router AT	0013A200		A001

XBee1 の設定手順

1）Windows パソコンに XBee1 を接続する．

2）Windows の XCTU を起動する．起動には時間を要するので気長に待とう．起動画面が表示されたら，XBee を認識させるために，左ペイン上部のをクリックする．表示された画面で COM のチェックを入れて，「Next」をクリックして進み，内容を確認して「Finish」をクリックする（図 7.4）．

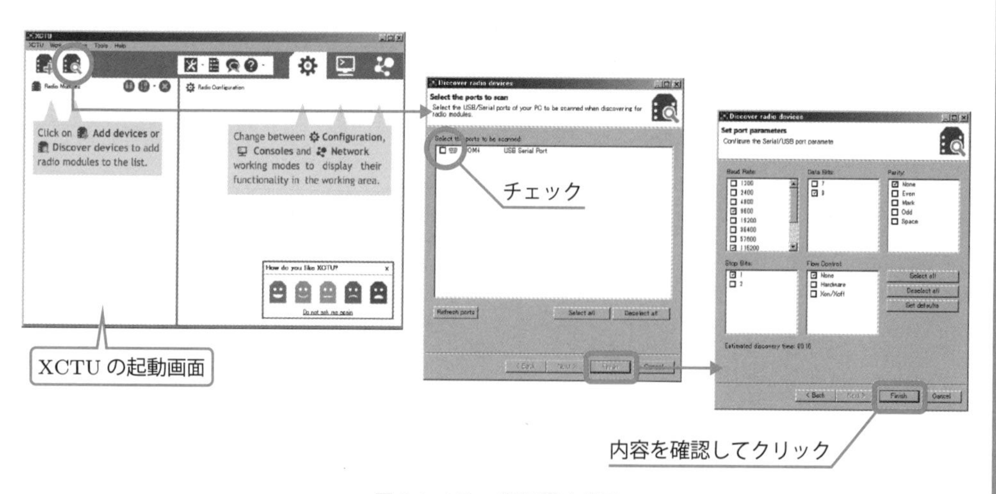

図 7.4　XBee を認識させる

3) 接続したXBeeが表示されるので,「Add selected devices」をクリックすると,起動画面の左ペインにXBeeが追加される．追加されたXBeeの画像をクリックすると，右ペインに設定画面が表示される（図7.5).

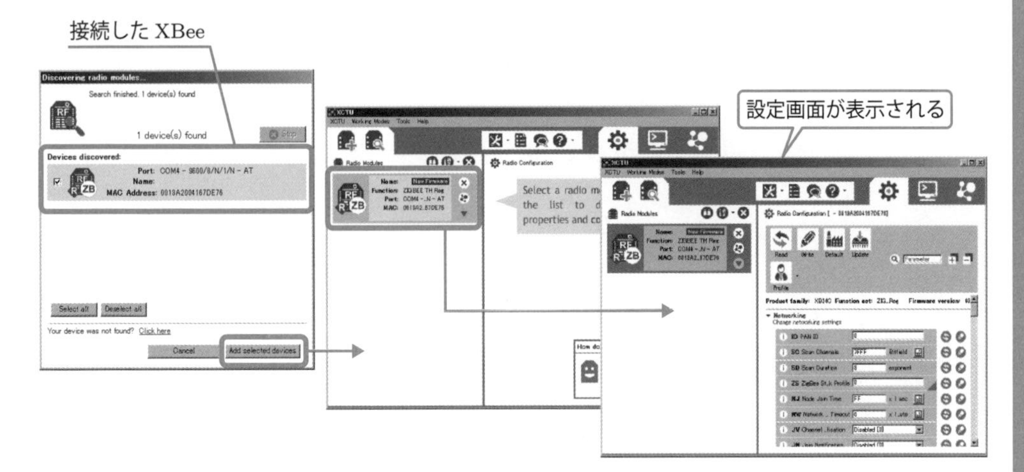

図7.5 接続したXBeeの設定画面を表示

4) 設定画面を使って，以下の内容を書き込む.

- PAN ID： A001を入力する.
- DH： 通信相手のXBee2の上位アドレス「13A200」を入力する.
- DL： 通信相手のXBee2の下位アドレス「　　　　」を入力する.
- CE Coordinator Enable： 「Enabled[1]」にする.
- AP API Enable： 「Transparent mode[0]」にする.

5) XBee1にパラメータを設定する．右ペイン上部の「Write」のアイコンをクリックする.

XBee2の設定手順

1) Windowsパソコンの別のUSBポートに，XBee2を接続する.
2) XBee1と同様に，接続したXBee2を認識させる.
3) XBee1と同様に，XBee2の設定画面を表示させる.
4) 設定画面を使って，以下の内容を書き込む.

- PAN ID： A001を入力する.
- DH： 通信相手のXBee1の上位アドレス「13A200」を入力する.
- DL： 通信相手のXBee1の下位アドレス「　　　　」を入力する.

5）XBee2にパラメータを設定する．右ペイン上部の「Write」のアイコンをクリックする．
6）XCTUを終了する．

(4) ATコマンドによるチャット

ここでは，二つのXBee（コーディネータとルータ）を利用して，ATコマンドによるチャットを実現してみる．図7.6（a）に示すように，コンピュータを2台準備できれば，PC1の端末ソフト（Tera Termなど）に入力した文字列が，PC2の端末ソフトに表示される．また，逆にPC2に入力した文字列が，PC1の端末ソフトに表示される．

今回は，パソコン1台を利用し，図（b）に示すように2種類の端末ソフト（Tera TermとCoolTerm）を立ち上げて，XBee1のポートを端末ソフト1（Tera Term）に割り当て，XBee2のポートを端末ソフト2（CoolTerm）に割り当てる．こうすることで，一方の端末ソフトと他方の端末ソフトが別々のパソコンで動作しているようなふりができる．端末ソフト1に文字列を入力するともう一方のポートに転送され，端末ソフト2に表示される．

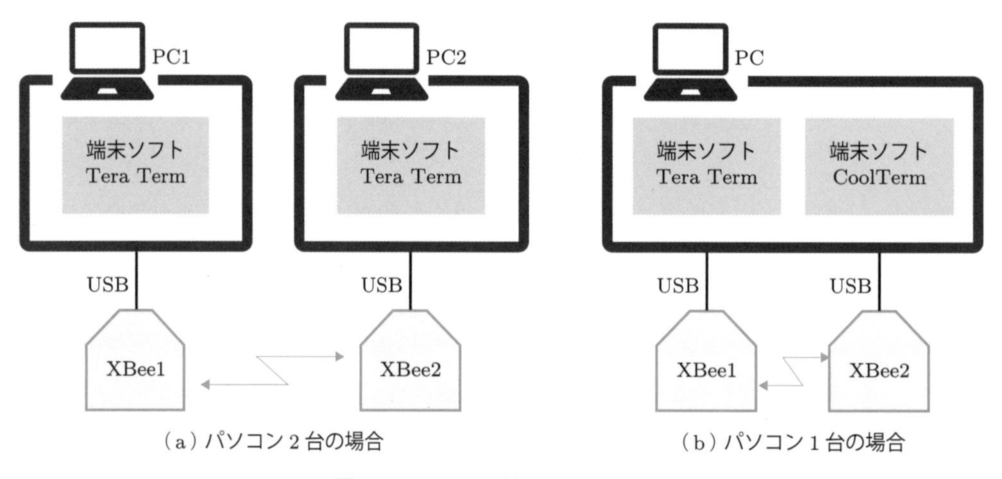

図7.6　ATコマンドによるチャット

それでは，チャットを実施する手順を以下に説明する．

Tera Termの起動

1）WindowパソコンのUSBポートにXBee1を接続する．
2）Tera Termを起動すると，図7.7左の画面が表示される．シリアルポートにチェックを入れ，ポートを選択して「OK」をクリックする．右の画面が表示されるので，「設定」をクリックする．

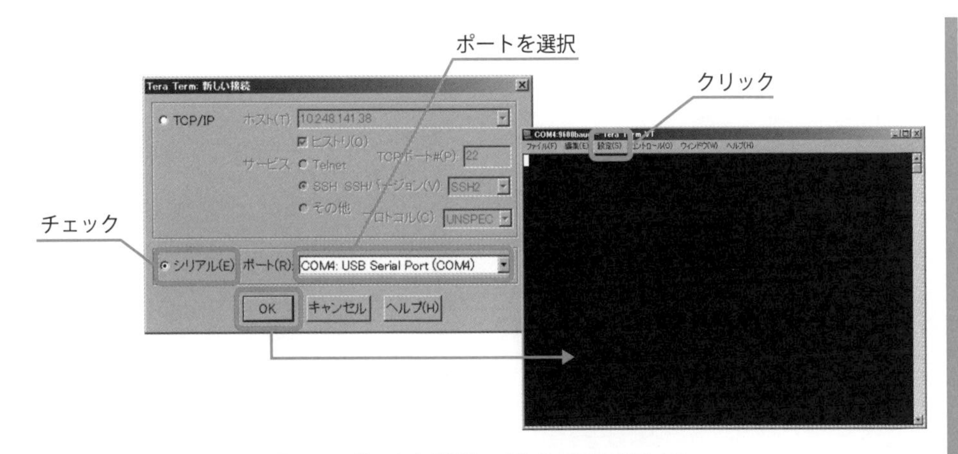

図 7.7　**ポートを選択して設定画面を表示する**

3) 図 7.8 左の「端末の設定」画面が表示される．「改行コード」の「送信」を「CR＋LF」に設定し，「ローカルエコー」にチェックを入れて「OK」をクリックする．

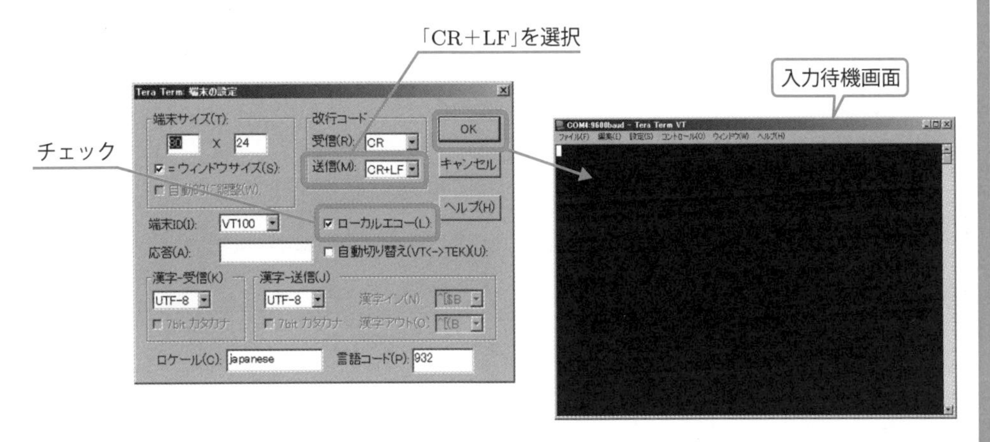

図 7.8　**端末の設定を行う**

CoolTerm の起動

1) Window パソコンの USB ポートに XBee2 を接続する．
2) CoolTerm を起動する（セキュリティの警告が表示された場合は，「実行」をクリック）と図 7.9 左の画面が表示される．「Options」をクリックして XBee2 が接続された「Port」を選択し（本例では COM5），「OK」をクリックする．

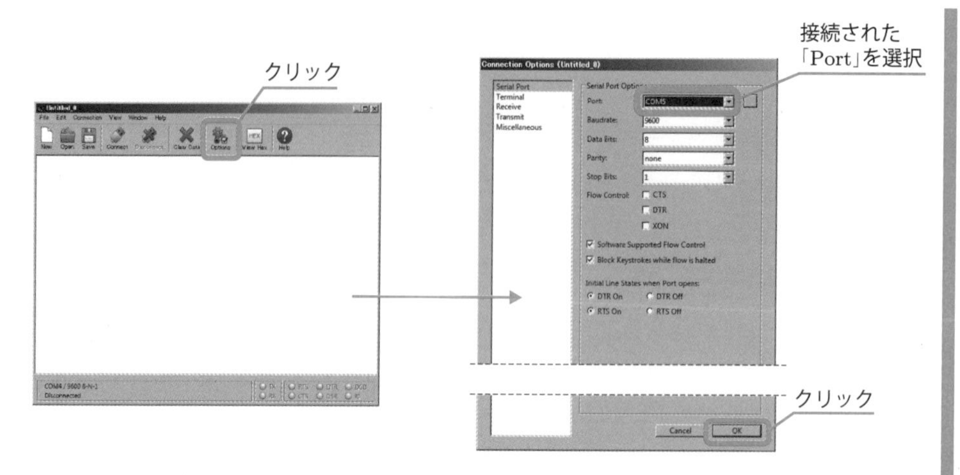

図 7.9　接続のオプション画面を表示する

3）左メニューの「Terminal」をクリックすると図 7.10 左の画面が表示される．「Local Echo」にチェックを入れ「OK」をクリックする．起動画面に戻るので「Connect」をクリックする．接続に成功すると，ウィンドウ右下の表示が変更される．

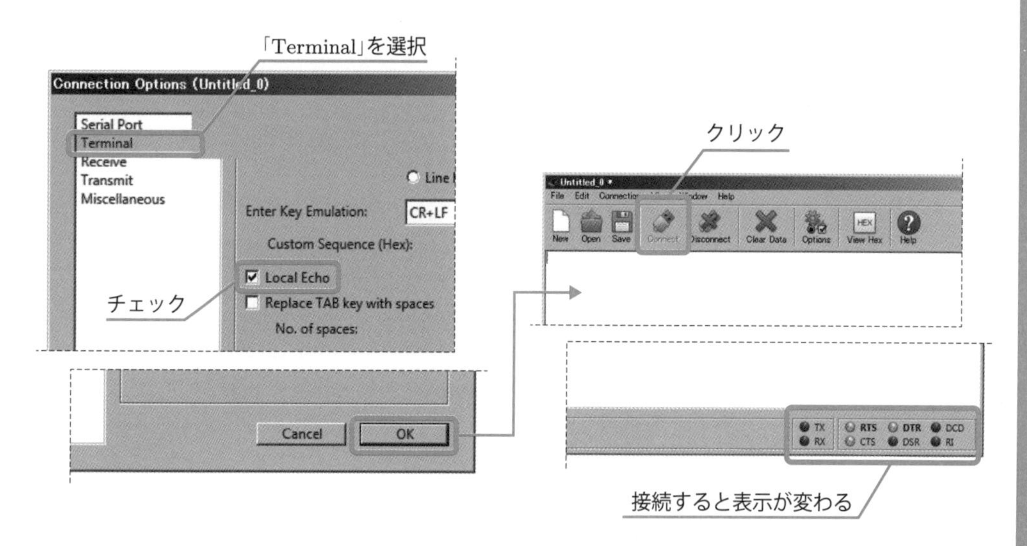

図 7.10　接続を確立する

チャットのテスト

1）Tera Term と CoolTerm の二つの端末画面を並べて表示しておく．

2）両端末で同じ内容が表示されることを確認する（図 7.11）．XBee1 COM4 の端末への入力が XBee2 COM5 の端末に，また逆に，XBee2 COM5 の端末への入力が XBee1 COM4 の端末に，改行も含めて同じように表示される．

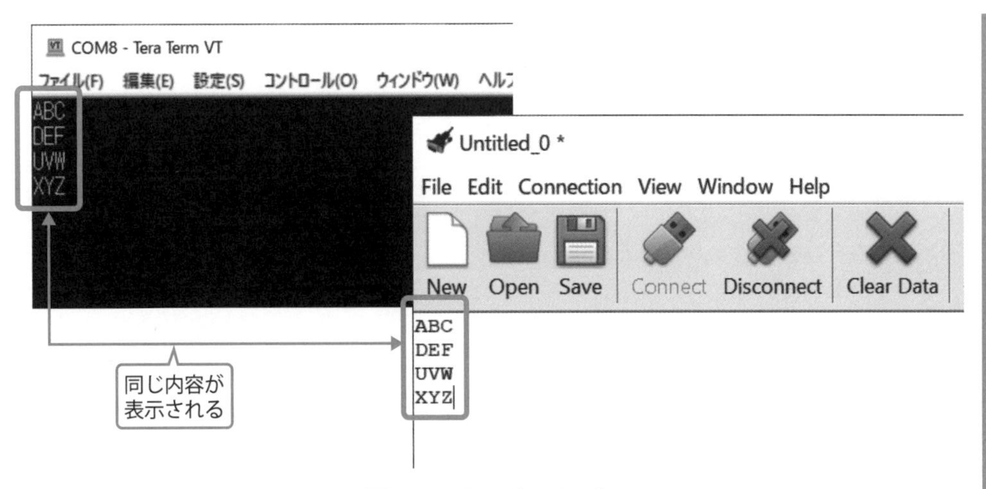

図 7.11　チャットのテスト

3）確認が完了したら終了する．
- Tera Term：「ファイル」の「終了」を選択する．
- CoolTerm：「File」の「Exit」を選択して，ダイアログが表示されたら「Close」をクリックする．「Don't Save」をクリックして終了する．

4）Window パソコンから 2 個の XBee の USB を取り外す．

> ！ ここで，XBee2 は次節の実習でブレッドボードに取り付けるので，「XBee USB インタフェースボード」からも取り外す必要がある．しかし，XBee に無理な力を加えると故障するので，以下のようにする．

5）まず，XBee を引き抜く用具を準備する．たとえば，割りばしの先端部分（2 cm 程度）を削り，ビニールテープを巻いた用具を作成する．そして，その引き抜き用具を用いて，XBee の上下の両側から少しずつ「てこの原理」でゆっくり XBee を引き抜くとよい．

7.6　API モード

1：1 で通信する場合には AT モードが簡単であるが，1：n で通信する場合には API（application programming interface）を使用する．API モードは，API フレームとよばれる，規定されているプロトコルに従って XBee 内のマイコンに AT コマンドを送ることにより，XBee モジュールの各端子に対してコマンドに応じた制御を行うことができる．したがって，XBee の API モードの機能を用いれば，Raspberry Pi に接続した XBee（ローカル）から遠隔の XBee（リモート）の端子情報を読み書きできる．このように，遠隔のセンサ情報の取得など応用範囲が広いモードである．

(1) 基本的な API プロトコル

XBee を用いて 1：n 通信を行うには，XBee が提供する API プロトコルを用いる必要がある．表 7.16 に基本的な API フレームを示す．表に示すように，API フレームは，

表 7.16　API フレーム

スタート・デルミッタ	フレーム長	フレームデータ	チェックサム
1 バイト 0x7E	2 バイト	n バイト	1 バイト

スタート・デルミッタ（1 バイト），フレームデータ長（2 バイト），フレームデータおよびチェックサム（1 バイト）から構成される．ここで，フレームデータにはアプリケーションごとのデータが含まれている．チェックサムは，誤り検出などのための符号として広く使われてきたものであり，検査符号ともよばれる．

(2) API フレームタイプ

ZigBee ZB には，表 7.17 に示すような複数の API フレームタイプが準備してある．このフレームタイプ（1 バイト）により，どんな情報が次に送られてくるのかを知ることができる．たとえば，フレームタイプが 0x08 であれば，AT コマンドフレームであることがわかる．

表 7.17　API フレームタイプ（一部）

フレームタイプ	説　明
0x08	AT コマンド（即時）（AT command）
0x10	Tx 要求（Transmit Request）
0x17	リモートコマンド要求（Remote AT Command Request）
0x88	AT コマンド応答（AT Command Request）
0x8B	Tx 応答（Transmit Status）
0x90	Rx 受信（Receive Packet）
0x92	Rx 入出力データ受信（I/O Data Sampling Rx Indicator）
0x95	ノード種別表示（Node Identification Indicator）

- AT コマンドの API フレーム（フレームタイプ 0x08）†：　フレームタイプごとにフレームデータのフォーマットが決まっている．表 7.18 は AT コマンド（ATNJ）の API フレームである．ここで，「ATNJ」はネットワーク参加時間であり，パラメータの指定がないので問い合わせと解釈される．表に示すように，AT コマンドの AT という文字は省略され，コマンドそのものを示す NJ が送られる．
- チェックサム：　ここで，AT コマンドフレーム全体は表 7.19 のようになる．チェックサム（CHK）は，スタート・デルミッタとフレームデータ長を含まず，すべての

表 7.18　AT コマンドの API フレーム（ATNJ コマンドの例）

フレームタイプ	フレーム ID	AT コマンド		パラメータ（オプション）
0x08	0x52	0x4E (N)	0x4A (J)	なし

† API フレームの詳細については，以下の資料を参照のこと．
https://www.digi.com/resources/documentation/digidocs/pdfs/90002002.pdf

表 7.19　AT コマンドフレーム全体（ATNJ コマンドの例）

区　切	フレーム長		Type	ID	N	J	CHK
0x7E	0x00	0x04	0x08	0x52	0x4E	0x4A	0x0D

区切：スタート・デルミッタ，Type：フレームタイプ，ID：フレーム ID，CHK：チェックサム

バイトを加算し，結果の下位 8 ビットだけを保存し，結果を 0xFF から引き算して求めている．したがって，この場合の CHK は以下のように計算され，0x0D となる．

16 進数　(2 進数)

0x08　(0000 1000)
+ 0x52　(0101 0010)
+ 0x4E　(0100 1110)
+ 0x4A　(0100 1010)
= 0xF2　(1111 0010)

∴　CHK = 0xFF − 0xF2 = 0x0D

7.7　API モードによるアナログ入力とディジタル入力

(1) ZigBee ネットワークの構成

それでは，API モードによる遠隔の XBee からのアナログ入力とディジタル入力の方法を説明する．部品の都合から 1：1 で構成するが，XBee が入手できれば 1：n に容易に拡張できる（PAN ID を同一にして ZigBee ネットワークに参加させるだけでよい）．図 7.12 に，API モードによるアナログ・ディジタル入力の構成を示す．XBee1 がコーディネータ，XBee2 がルータである．

ここで，XBee2 には，ディジタル入力のためのタクトスイッチと，アナログ入力のための CdS セル（明抵抗：10 ～ 20 kΩ）を直接接続していることに注意する．このよう

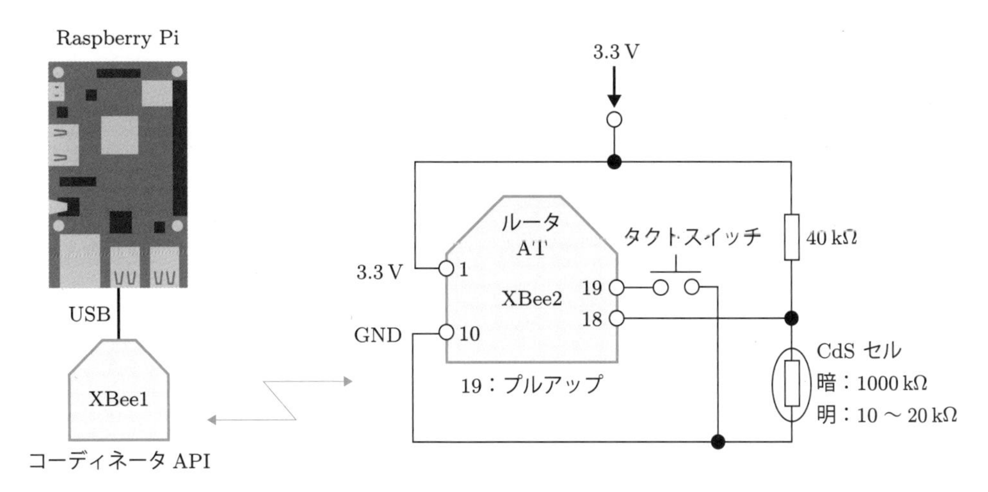

図 7.12　API モードによるアナログ・ディジタル入力

な接続方法は「XBeeダイレクト」とよばれ，マイコン（Arduinoなど）を経由しないのでコスト的に有利となる．

また，XBeeのアナログ入力ピンAD0～AD3は，0～1.2 Vまでの範囲の電圧を読み取ることができる．XBee S2Cの回路は3.3 Vで動作するので，CdSセルのようにセンサ出力が可変抵抗の場合には，最大電圧（3.3 V）を1/3倍して0～1.1 Vとして，アナログ入力ピンに入力する必要がある．これを実現するには，図7.13の分圧回路を用いればよい．

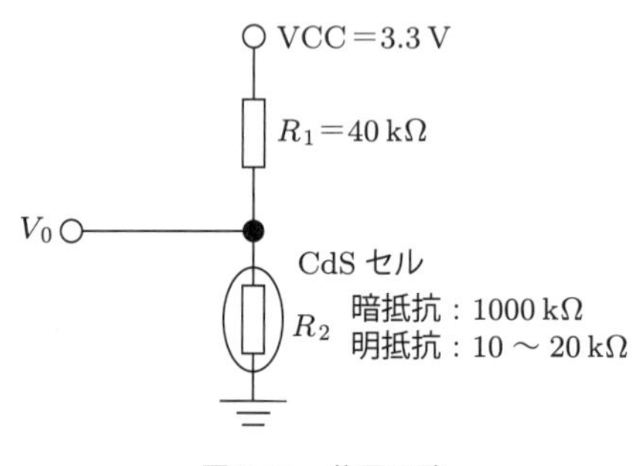

図7.13　**分圧回路**

ここで，R_1はセンサの最大抵抗R_{2max}の2倍の値である．

$$R_1 = 2 \times R_{2max} \tag{7.1}$$

図より，分圧回路の出力電圧V_0は次式で求められる．

$$V_0 = \frac{R_2}{R_1 + R_2} \times \mathrm{VCC} \tag{7.2}$$

今回利用するCdSセルの抵抗値が10～20 kΩであるので，式(7.1)からR_1 = 40 kΩとすればよい．こうすると，R_2 = 10～20 kΩに対して，V_0 = 0.66～1.1 Vをアナログ入力ピンに入力することが可能となる．ただし，入手部品の都合により，今回は39 kΩで代用する．

なお，すべてのXBeeモジュールの端子に印加する電圧はVCC（3.3 V）以下であればモジュールがダメージを受けることはない．XBee S2Cの場合には基準電圧が1.2 Vである．したがって，1.2 V以上の電圧（1.2～3.3 V）の入力は1.2 Vに抑えられるということである．ただし，3.3 V以上の電圧は印加してはならない．

CdSセルの暗抵抗は1000 kΩであるので，この場合は図7.13のV_0が約3.3 Vとなり，この電圧がXBee2へ入力されることになる（内部的に1.2 Vに抑えられる）．

(2) XBee1とXBee2の設定

XCTUを用いてXBee1(Coordinator API)とXBee2(Router AT)の設定を表7.20のように行う．網掛けが変更部分である．

表 7.20　XCTU による設定（網掛けが変更部分）

項　目	XBee1（ローカル XBee）	XBee2（リモート XBee）
ファンクションセット	ZigBee Coordinator API	ZigBee Router AT
NI（Node Identifier）	Coordinator	Router
ID（PAN ID）	1234	1234
DH（Destination Address H）	デフォルト（0）	デフォルト（0）
DL（Destination Address L）	FFFF	デフォルト（0）
CE（Coordinator Enable）	Enabled[1]	デフォルト Disabled[0]
AP（API Enable）	API enebled[1]	デフォルト Transparent mode[0]
JV（Channel Verification）	デフォルト（0-Disable）	Enabled[1]
D1-AD1/DIO1	デフォルト（0-Disable）	3-Digital Input （ピン番号 19：ディジタル入力）
PR（Pull-up Resistor Enable） 1：使用，0：不使用	デフォルト（0x1FFF）	デフォルト（0x1FFF） （ピン番号 19：抵抗使用）
PD（Pull-up/down Direction） 1：プルアップ，0：プルダウン	デフォルト（0x1FFF）	デフォルト（0x1FFF） （ピン番号 19：プルアップ）
D2-AD2/DIO2	デフォルト（0-Disable）	2-ADC （ピン番号 18：アナログ入力）
IR（IO Sampling Rate）	デフォルト（0）	2710 （注）0x2710 = 10000 ms

ここで，ディジタル入力の場合にはプルアップ／ダウン抵抗に注意が必要である．表 7.20 の PR と PD で示したように，デフォルトは 0x1FFF である．表 7.21 は PR と PD のマスクパターンである．この例では，「D1-AD1/DIO1（ピン番号 19）」をタクトスイッチによるディジタル入力とする．D1 は表に示すように両者ともに“1”であるので，XBee 内プルアップ抵抗 29 kΩ が接続されることになる．したがって，タクトスイッチは，初期値は HIGH で押下時に LOW となる．

表 7.21　PR と PD のマスクパターン

(a) PR のマスクパターン（デフォルト：0x1FFF）

ビット	15	14	13	12	11	10	9	8	7	6	5	4	3	2	1	0
S2C	—	D13	D7	D11	D10	D12	D9	D5	D14	D8	D6	D0	D1	D2	D3	D4
1：使用， 0：不使用	—	0	0	1	1	1	1	1	1	1	1	1	1	1	1	1

(b) PD のマスクパターン（デフォルト：0x1FFF）

ビット	15	14	13	12	11	10	9	8	7	6	5	4	3	2	1	0
S2C	—	D13	D7	D11	D10	D12	D9	D5	D14	D8	D6	D0	D1	D2	D3	D4
1：プルアップ， 0：プルダウン	—	0	0	1	1	1	1	1	1	1	1	1	1	1	1	1

(3) 三端子レギュレータ

XBee ダイレクトで使用する XBee の電源を，単 3 乾電池 4 本と三端子レギュレータ（3-terminal regulator）を用いて作成する．三端子レギュレータは，4 本の端子を備えて定電圧回路を簡単に構成できる半導体素子である．表 7.22 はデータシートからの抜粋

表 7.22　三端子レギュレータ（TA48033S）の仕様（抜粋）

項　目	値
出力電圧［V］	3.3
最大出力電流［A］	1.0
最大入力電圧［V］	16.0
ドロップ電圧［V］	0.5（最大）

である．データシートによると，3.3 V 出力電圧を安定的に得るためには，約 3.8 V 以上の入力電圧を入力する必要があるため，ここでは単 3 の乾電池 4 本とした．

図 7.14 に外観と接続方法を示す．ここで，入力側と出力側にはコンデンサが挿入されているが，これらのコンデンサは，表 7.1 の物品リスト No.7 を購入すると付属しているので，新規に準備する必要はない．また，一般に入力側のコンデンサはノイズ対策，出力側のコンデンサは出力電圧安定化の目的で接続される．出力電圧安定化のためには，容量の大きい電解コンデンサ（極性あり）が用いられる．

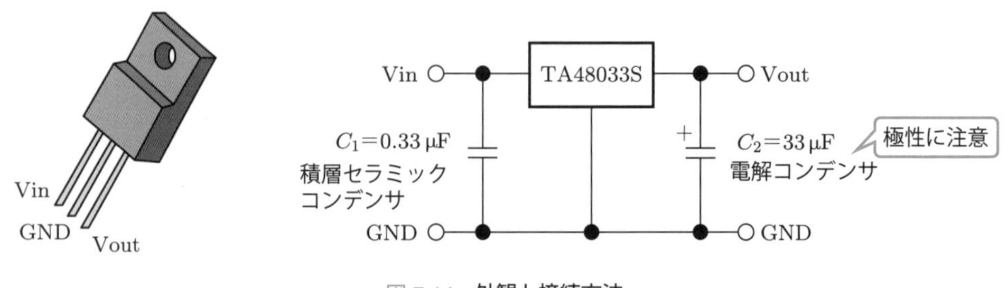

図 7.14　外観と接続方法

(4) 配　線

リモートの XBee（XBee2）にタクトスイッチと明るさセンサ（CdS セル）を接続するために，図 7.15 のように配線する．電解コンデンサは，足の長いほうがプラスである．

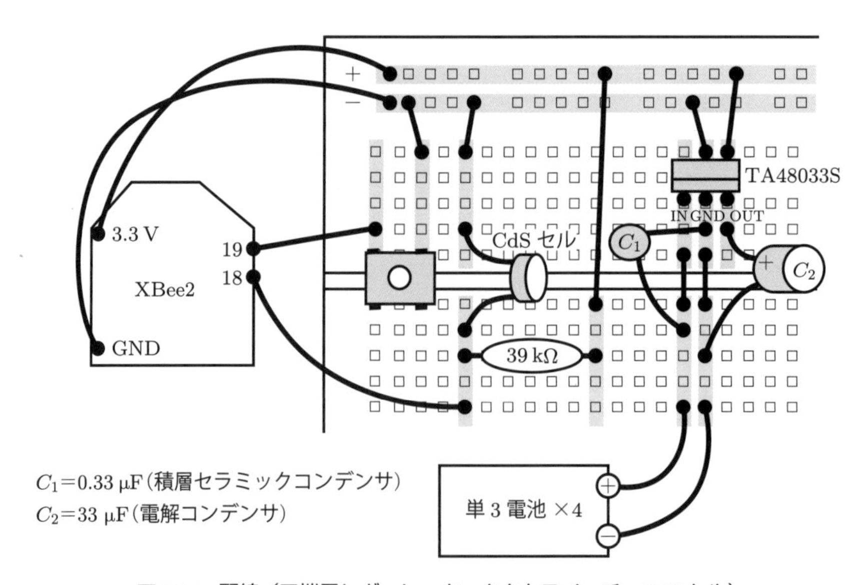

図 7.15　配線（三端子レギュレータ，タクトスイッチ，CdS セル）

(5) XCTU によるテスト

それでは，Windows の XCTU を用いて，ディジタル・アナログ入力のテストを行う．テストシステムの構成を図 7.16 に示す．

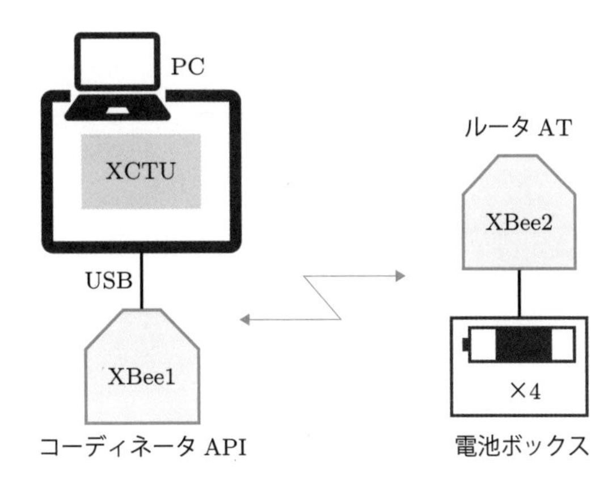

図 7.16　XCTU によるテストシステムの構成

テストの手順

1) PC に XBee1 のインターフェースボードの USB を接続する．
2) PC の XCTU を起動する．7.5 節（3）と同様に，左ペイン上部の検索アイコンをクリックし，対応 COM ポートにチェックを入れて「Next」をクリックする．Set port parameters 画面の「Finish」をクリックすると，接続した XBee1 が，表 7.20 で設定した NI の名前 (Coordinator) で表示される．「Add selected devices」をクリックすると，XCTU 画面の左側に XBee1 が表示される（図 7.17）．

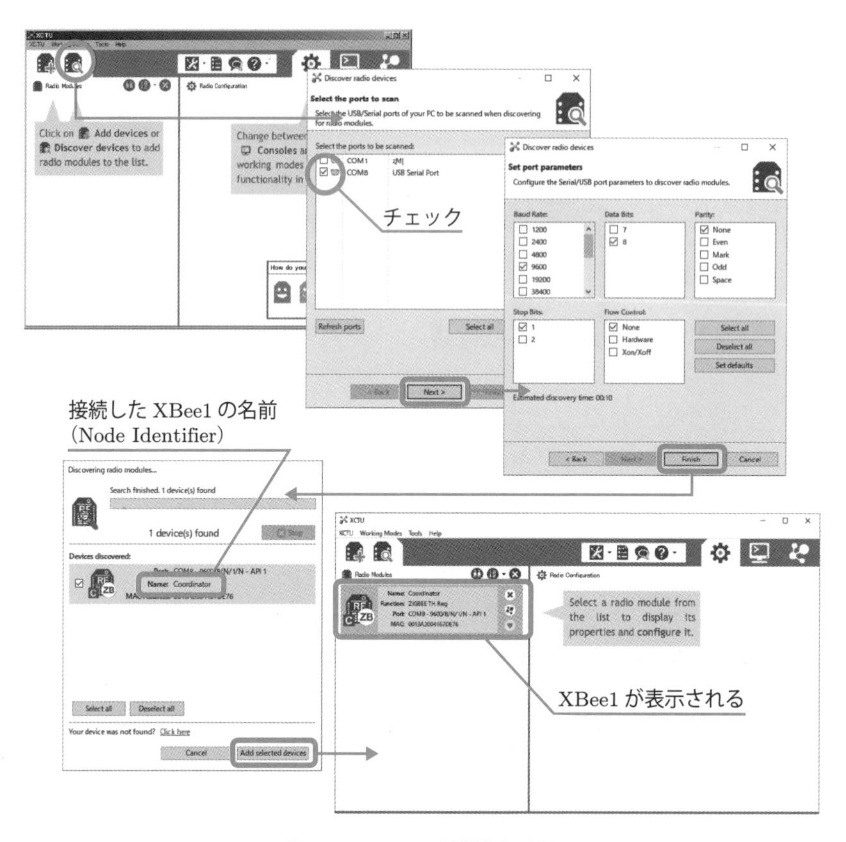

図7.17　XBee1を認識させる

3) XBee2のブレッドボードに電池ボックスの電圧を加える.
4) ZigBeeネットワークの確認を行う. 図7.18のように, XCTU画面の「Working Modes」>「Network Working Mode」をクリックし, 右ペイン上部の「Scan」をクリックする. 右ペイン下に図のような画面が表示され, コーディネータとルータが同一のPAN IDのZigBeeネットワークに存在していることがわかる. 画面は双方向の矢印の上にマウスカーソルを置いた場合の表示である. 画面から両者のRFモジュールが動作中（active）であることがわかる. また, この操作は, をクリックしても行える.

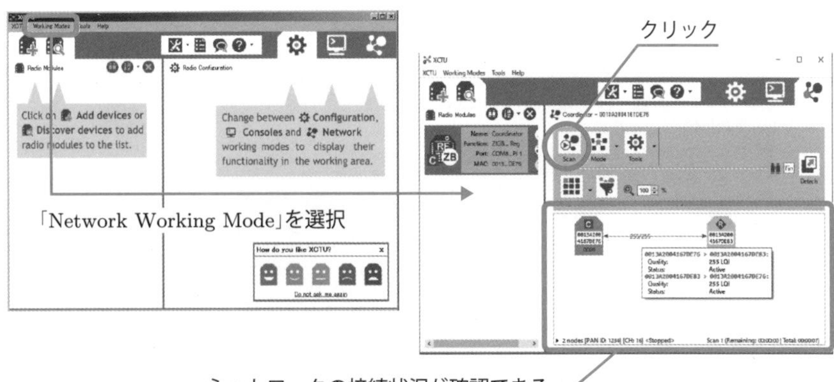

図7.18 ZigBeeネットワークの確認

5) フレームログの確認を行う．図7.19のように，XCTU画面の「Working Modes」＞「Consoles Working Mode」をクリックして，Frames log画面を表示させる．右ペイン上部の「Open」をクリックし，「IO Data Sample Indicator」が表示されることを確認する．

! もし表示されなければ，「Close」をクリックし，XCTUを再起動する．そして，再度これまでの手順を実施する．

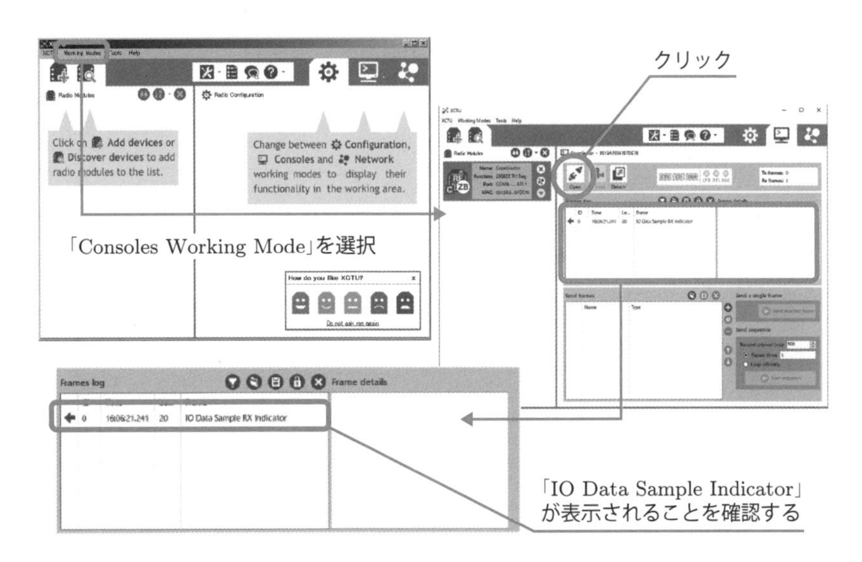

図7.19 フレームログの確認

6) 入力されたフレーム（赤色）をクリックして，フレームの内容を表示する（図7.20）．下記のようなフレーム（フレームタイプ：0x92）を受信していることがわかる．

7E 00 14 92 00 13 A2 00 41 67 DE 83 13 FD 01 01 00 02 04 00 02 00 5E 37

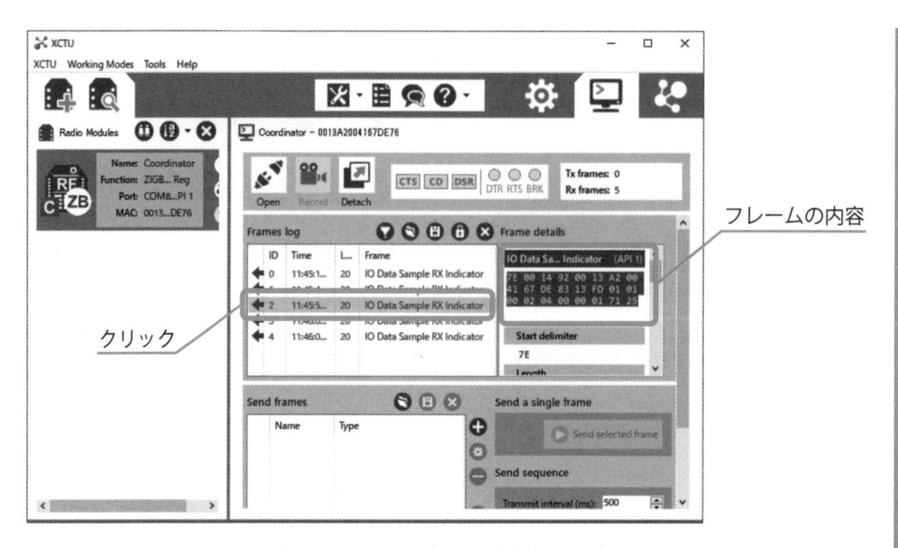

図 7.20　**フレームの内容を表示する**

このフレームの意味を下記に示す.

7E　　：区切り
00 14　　：フレーム長（0x14 = 20 バイト）
92　　：フレームタイプ（0x92：Rx 入出力データ受信）
00 13 A2 00　　：送信元 64 ビットアドレス上位
41 67 DE 83　　：送信元 64 ビットアドレス下位
13 FD　　：Reserved
01　　：受信オプション（0x01：パケットの受信応答，0x02：ブロードキャストパケット，その他はすべて無視）
01　　：サンプルセットの数（必ず 1）
00 02　　：ディジタルチャンネルマスク → D1 がディジタル入力
04　　：アナログチャンネルマスク → D2 がアナログ入力
00 02　　：ディジタルサンプル 0000 0010 → D2 が HIGH
04　　：アナログチャンネルマスク → D2 がアナログ入力
00 02　　：ディジタルサンプル 0000 0010 → D2 が HIGH
00 5E　　：アナログサンプル 005E → 94（アナログ入力の電圧値：$1.2 \times 94/1023 = 0.110$ V）
37　　：チェックサム

7）ディジタル入力の確認を行う．XBee2 からは 10 秒周期でデータが送られてくるので，USB インターフェースボードの LED（受信時に赤色点灯）を見ながらタクトスイッチを 10 秒以上押下し，受信したフレームを確認する．下記がタクトスイッチ押下時に送られてきたフレームデータである．

7E 00 14 92 00 13 A2 00 41 67 DE 83 13 FD 01 01 00 02 04 00 00 01 71 25

ディジタルサンプルの部分に着目すると，00 02 から 00 00 へ変化していることがわかる．これは，D1 の状態が“1”（HIGH）から“0”（LOW）となったことを示している．

8）以上で，XCTU による遠隔 XBee のディジタル・アナログ入力のテストが終了したので，XCTU を終了する．

(6) ディジタル・アナログ入力プログラム

それでは，Raspberry Pi のプログラムにより遠隔 XBee からディジタル・アナログ入力をテストする．図 7.21 にプログラムによるテストシステムの構成を示す．

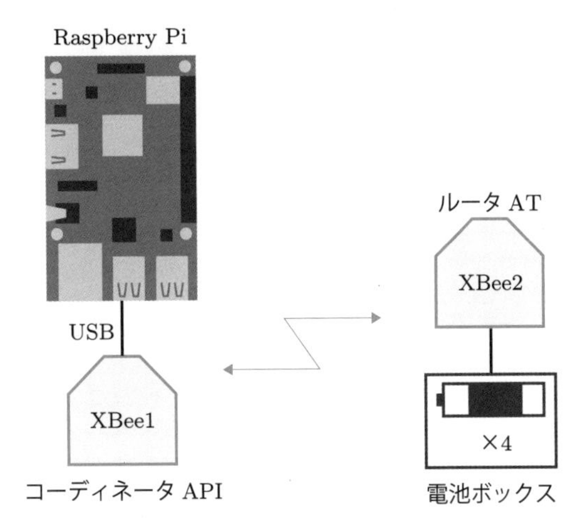

図 7.21　プログラムによるテストシステムの構成

プログラム 7.1 は，遠隔 XBee からのタクトスイッチの状態（ディジタル）と明るさセンサ（アナログ）の読み取りプログラムである．

プログラム 7.1　ディジタル・アナログ入力プログラム（xbee_api.py）

```
# xbee_api.py      (p7-1)

import serial      # serial モジュールのインポート
import binascii   # binascii モジュールのインポート

#-------------------------------------------------------------------
def make_bit_array(byte):  # ビット配列作成関数
  bits = []
  for i in reversed(range(8)):
    bit = byte >> i & 0x01
    bits.append(bit)
  return bits

#-------------------------------------------------------------------
def main():                          # main 関数
```

```
  print("----- START -----")
  ser = serial.Serial("/dev/ttyUSB0", 9600)  # Serialのインスタンス化

  try:
    while True:                          # 無限ループ
      read_byte = ser.read(1)            # 1バイト読み込み
      if(ord(read_byte) == 126):         # 0x7E（区切り）であれば下記を実施
        frame_length = ser.read(2)  # フレーム長の読み込み（2バイト）
        print("frame_length= ", frame_length.hex())

        frame_type = ser.read(1)  # フレームタイプの読み込み（1バイト）
        print("frame type= ", frame_type.hex())

        if(ord(frame_type) == 146):  # フレームタイプが0x92であれば下記を実施
          source_add = ser.read(8)    # 送信元64ビットアドレス（8バイト）
          dummy = ser.read(2)         # 予備（2バイト）
          option = ser.read(1)        # 受信オプション（1バイト）
          nos = ser.read(1)           # サンプルセットの数（1バイト）
          dmask_h = ser.read(1)       # ディジタルチャネルマスク（上位）
          dmask_l = ser.read(1)       # ディジタルチャネルマスク（下位）
          amask = ser.read(1)         # アナログチャネルマスク（1バイト）
          dio1_h = ser.read(1)        # ディジタルサンプル（上位）
          dio1_l = ser.read(1)        # ディジタルサンプル（下位）
          adc2_h = ser.read(1)        # アナログサンプル（上位）
          adc2_l = ser.read(1)        # アナログサンプル（下位）

          print("source address= ", source_add.hex().upper())
          print("dmask= ", dmask_h.hex()," ",dmask_l.hex())
          print("amask= ", amask.hex())
          print("dio1_h= ", dio1_h.hex(),"  dmask_h= ", dmask_h.hex())
          print("dio1_l= ", dio1_l.hex(),"  dmask_l= ", dmask_l.hex())

          acd = []
          for b in dio1_l:
            bits = make_bit_array(b)  # ビット配列作成
            print("%s" % bits)
            acd.append(bits)            # acdリストへ追加

          pos = 1
          if( acd[0][7-pos] == 1 ): print("dio1 = OFF")  # dio1=OFF
          else: print("dio1 = ON")                       # dio1=ON

          adc2_value = ord(adc2_h)*256 + ord(adc2_l)  # adc2の値
          print("adc2_value= ", adc2_value)
          chk = ser.read(1)                          # チェックサム（1バイト）
          print()

  except KeyboardInterrupt:  # Ctrl+Cで無限ループからの脱出
    pass                     # 何もしない

  ser.close()  # ser停止

if __name__ == '__main__':  # プログラムの起点
  main()
```

実行結果　python3 xbee_api.pyで実行する.

```
----- START -----
frame_length=  0014
frame type=  92
source address=  0013A2004167DE83
dmask=  00   02
amask=  04
dio1_h=  00   dmask_h=  00
dio1_l=  02   dmask_l=  02
[0, 0, 0, 0, 0, 0, 1, 0]
dio1 = OFF
adc2_value=  497

frame_length=  0014
frame type=  92
source address=  0013A2004167DE83
dmask=  00   02
amask=  04
dio1_h=  00   dmask_h=  00
dio1_l=  00   dmask_l=  02
[0, 0, 0, 0, 0, 0, 0, 0]
dio1 = ON
adc2_value=  347

Ctrl+C で終了する.
```


7.8 実習例題

XBee Python library を用いて，プログラム 7.1 を変更し動作を確認せよ．

まず，XBee ライブラリを使用するために，pip コマンドでインストールしておく（時間を要するので気長に待とう）．

```
pip3 install xbee
```

プログラム 7.2 に，ライブラリを用いた XBee のディジタル・アナログ入力プログラムを示す．データは，以下のように Python の辞書のリストで得られる．

```
{'doi-1: True, 'abc-2': 120}
```

プログラム 7.2　第 7 章実習例題（xbeeTest.py）

```
# xbeeTest.py     (p7-2)

import serial             # serial モジュールのインポート
import time               # time モジュールのインポート
import datetime           # datetime モジュールのインポート
from xbee import ZigBee   # xbee モジュールからの ZBee クラスのインポート

def main():                         # main 関数
  print("----- START -----")  # Serial のインスタンス化
  ser = serial.Serial(port='/dev/ttyUSB0', baudrate=9600, timeout=1)
```

```
    xbee = ZigBee(ser)          # ZigBeeのインスタンス化

    try:
      while True:                              # 無限ループ
        recv_data = xbee.wait_read_frame()  # 受信データ読み取り
        #print("recv_data: ",recv_data)
        values =  recv_data.get('samples')  # 辞書のリスト
        val = values[0]                        # (例) { 'dio-1': True, 'adc-2': 120 }
        #print("samples: ", values)
        #print("val   : ", val)

        dio1 = val.get('dio-1')          # ディジタル入力の値
        #print("dio-1: ", dio1)
        adc2 = val.get('adc-2')          # アナログ入力の値
        #print("adc-2: ", adc2 )
        if dio1 == False : sw = "ON"   # dio1がfalseなら，swをONとする
        else: sw = "OFF"                 # そうでなければ，swをOFFとする
        date = datetime.datetime.today().strftime('%Y/%m/%d %H:%M:%S')
        print(date," | ADC2 =", "{:4d}".format(adc2), " DIO1 =", sw)
                                                                # 年月日時分秒取り出し

      except KeyboardInterrupt:  # Ctrl+Cで無限ループからの脱出
          pass                     # 何もしない

      xbee.halt()  # xbeeを停止
      ser.close()  # serを停止

if __name__ == '__main__':  # プログラムの起点
    main()
```

実行結果

```
python3 xbeeTest.pyで実行する.
----- START -----
2020/01/23 15:33:50  | ADC2 =  120  DIO1 = OFF
2020/01/23 15:33:59  | ADC2 =  147  DIO1 = OFF
2020/01/23 15:34:09  | ADC2 =  166  DIO1 = ON
2020/01/23 15:34:19  | ADC2 =  119  DIO1 = OFF

Ctrl+Cで終了する.
```

CHAPTER

8 無線マイコンモジュール（TWELITE）

本章では，無線マイコンモジュールTWELITE（トワイライト）の使用方法について説明する．TWELITEは，無線通信規格ZigBeeに対応した小型モジュールである．TWELITEを用いると，大規模な無線ネットワークを構築することができる．必要な基礎知識は，TWELITEプログラマ，周波数チャンネル，アプリケーションID，親機，子機，標準アプリフォーマットである．

本章で必要な物品を，表8.1に示す．

表8.1　第8章で用いる物品

No.	物　品	秋月電子通商の通販コード	価　格（2021.8現在）
1	USBスティック MONOSTICK-モノスティック ブルー	M-11931	3,030円
2	トワイライトワイヤレスモジュール TWE-Lite-DIP-PCB（TWELITE-DIP）	M-07650	1,980円
3	USBアダプター TWE-Lite-R（トワイ・ライター）	M-08264	2,470円
4	USBケーブル Aオス－マイクロBオス　※第7章と共通	C-09312	100円
5	電池ボックス 単3×2本 タイプ　※第6章と共通	P-10196	50円
6	アナログ温度センサ MCP9700-E/TO	I-09692	40円
7	タクトスイッチ（白色）　※第2章と共通	P-03648	10円

8.1 TWELITEの基礎

(1) 基本事項

TWELITEは，センサネットワーク，IoT，M2M（機器間通信）などのセンサネットワークを目的とした，無線機能を内蔵したマイコン（32ビットのRISCマイコンを内蔵）である．基礎部分の（電気的な）仕様はIEEE 802.15.4として規格化されている．TWELITEは，グローバル周波数で波長が短くアンテナを小型化可能な2.4 GHz帯無線を使用しているため，国内での利用が可能である．また，消費電力も小さくコイン電池で年単位の動作が可能である．

図8.1にTWELITEの外観を示す．図に示すように，送信出力が1 mW級のBLUE（ブルー）と10 mW級のRED（レッド）がある．また，アンテナ端子は，「スルーホール型」と「同軸コネクタ型」が製品化されている．図はスルーホール型である．スルーホール型は，ワイヤアンテナ（ハテナ型，マッチ棒型，かぎ型）をはんだ付けすることにより高性能なアンテナを実装できる．同軸コネクタ型は，同軸ケーブルコネクタを用いて装置（ケース）の外部にアンテナを接続することができる．

（a）標準出力 BLUE　　（b）高出力 RED

図 8.1　TWELITE の外観

TWELITE の製品情報や技術情報は，下記のモノワイヤレス（株）のホームページに記載されている．

https://mono-wireless.com/jp/products/index.html

(2) 特　徴

- 小型：　大きさ 13.97 mm × 13.97 mm × 2.5 mm，重さ 0.93 g であり，1 円玉を上に重ねるとその裏にすっぽりと隠れるサイズである．
- 省電力：　低消費電力で動作する．小容量のコイン型電池による年単位の動作や，エナジーハーベスト技術で得られる小さな電力でも動作が可能である．
- 32 ビット高性能 CPU：　内蔵された 32 ビット RISC CPU（最大 32 MHz）は複雑なデータ処理や制御に対応できる．
- 電源電圧：　動作電圧は 2.0 ～ 3.6 V なので，電池での駆動が可能である．起動電圧は 2.3 V である．

(3) TWELITE のシリーズ

図 8.2 に，本実習で用いる TWELITE のシリーズ製品を示す．図（a）はセンサネットワークの子機，図（b）は親機，そして図（c）は両者の TWELITE のソフトウエアを書き込むライターである．

（a）TWELITE-DIP　　（b）MONOSTICK　　（d）TWELITE-R

図 8.2　TWELITE のシリーズ製品（一部）

8.2 TWELITE-DIP

(1) 基本事項

TWELITE-DIP（トワイライト・ディップ，図 8.2（a））は，簡単に使用できる無線モジュールをコンセプトに開発されている．これは，TWELITE を 2.54 mm ピッチ 28 ピン（600 mil）DIP 型 IC の形状にし，専用ソフトを搭載したものである．図は，PCB 基板上にアンテナが内蔵されたタイプである．

(2) 仕　様

表 8.2 に TWELITE-DIP の仕様抜粋を示す．動作電圧が 2.3 ～ 3.6 V であるので，乾電池 2 本での動作が可能である．

表 8.2　TWELITE-DIP の仕様（抜粋）

項　目	値	項　目	値
動作電圧［V］	2.3 ～ 3.6	動作温度［℃］	− 40 ～ 85
無線規格	IEEE 802.15.4	送信出力［dBm］	2.5
受信感度［dBm］	− 95	送信電流［mA］	15
受信電流［mA］	17	スリープ電流［μA］	0.1

(3) TWELITE-DIP のピン配置

図 8.3，表 8.3 に TWELITE-DIP のピン配置と構成を示す．図に示すように，TWELITE-DIP は 28 ピンを有している．通常の IC と同様に，半円の切り欠けを上にして見たときに 1 番端子が左上で，左下が 14 番端子，右下が 15 端子，右上が 28 端子である．図の基板上の数字は TWELITE-DIP に内蔵されたマイコンの入出力番号である（ここでは必要ない）．

図 8.3　TWELITE-DIP のピン配置

表 8.3　ピン構成

ピン	信号名	機能	ピン	信号名	機能
1	GND	電源グランド	28	VCC	電源（2.3 ～ 3.6 V）
2	SCL	I2C クロック	27	M3	モード設定ビット 3
3	RX	UART 受信	26	M2	モード設定ビット 2
4	PWM1	PWM 出力 1	25	AI4	アナログ入力 4
5	DO1	ディジタル出力 1	24	AI3	アナログ入力 3
6	PWM2	PWM 出力 2	23	AI2	アナログ入力 2
7	PWM3	PWM 出力 3	22	AI1	アナログ入力 1
8	DO2	ディジタル出力 2	21	RST	リセット入力
9	DO3	ディジタル出力 3	20	BPS	UART 速度設定
10	TX	UART 送信	19	SDA	I2C データ
11	PWM4	PWM 出力 4	18	DI4	ディジタル入力 4
12	DO4	ディジタル出力 4	17	DI3	ディジタル入力 3
13	M1	モード設定ビット 1	16	DI2	ディジタル入力 2
14	GND	電源グランド	15	DI1	ディジタル入力 1

(4) 入出力信号

TWELITE の入出力信号を表 8.4 に示す．

表 8.4　TWELITE-DIP の入出力信号

信号名	機　能	説　明
DI1, DI2, DI3, DI4	ディジタル入力	
AI1, AI2, AI3, AI4	アナログ入力	
DO1, DO2, DO3, DO4	ディジタル出力	
PWM1, PWM 2, PWM 3, PWM 4	PWM 出力	
TX, RX	シリアル	UART
SCL, SDA	シリアル	I2C
RST	リセット入力	
M1, M2, M3	モード選択	設定用
BPS	UART 速度	設定用

(5) 基本動作

TWELITE は，図 8.4 に示すように親機と子機との間で各信号を双方向で無線通信する．送受信できる信号の種類は，ディジタル信号 4，アナログ信号 4，シリアル信号 1 である．

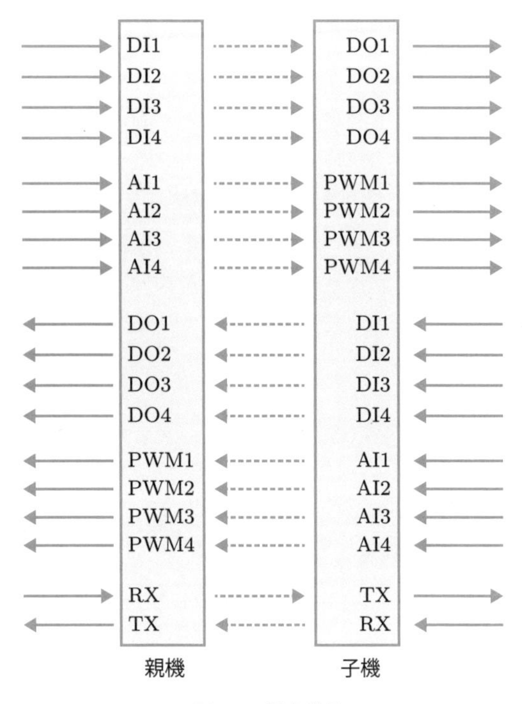

図 8.4　**基本動作**

8.3 MONOSTICK

MONOSTICK（モノスティック，図 8.2（b））は，USB で機器に手軽に接続できる通信用スティックである．MONOSTICK を Raspberry Pi やパソコンに装着することによって，遠隔の TWELITE とシリアル通信できるようになる．すなわち，Raspberry Pi やパソコン上のプログラムで，TWELITE の制御やセンサデータの収集を無線で行えるようになる．また，MONOSTICK は中継機としても使用できる．ホップ数（中継数）は 1 である．

8.4 TWELITE の設定

(1) 設定ソフト（TWELITE プログラマ）のインストール

TWELITE の設定ソフトとして，「TWELITE プログラマ」というソフトが準備されている．このソフトは，下記の URL からダウンロードする．

https://mono-wireless.com/jp/products/TWE-APPS/LiteProg/index.html

インストールの手順

1）Windows PC を用いて，上記の URL にアクセスし，「TWELITE プログラマ」画面の「ダウンロード」の項目の最新バージョン（例：TWE-Programmer_x_x_x_x.zip）をダウンロードする．
2）ダウンロードした ZIP ファイルを解凍する．TWE-Programmer.exe が設定プログラムであるので，デスクトップにショートカットを置いておく．
3）ショートカットをダブルクリックし，設定ソフトを起動すると図 8.5 の画面が表示される．ここでは，起動されることだけを確認したら，「×」をクリックして終了させる．

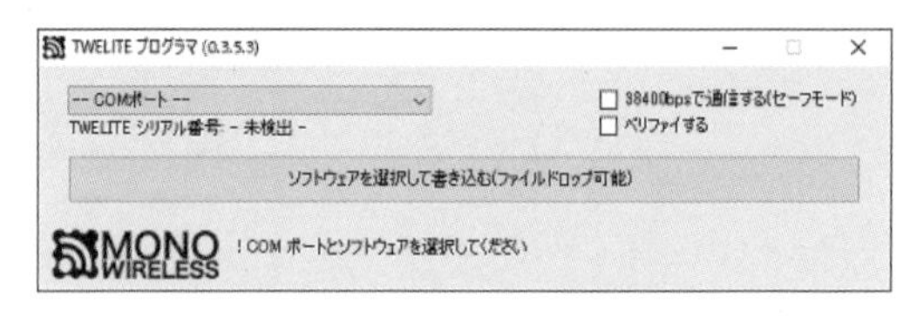

図 8.5　設定ソフトの起動画面

！ 図 8.5 の画面の「ソフトウェアを選択して書き込む（ファイルドロップ可能）」の部分へ，TWELITE 用アプリをドラッグ＆ドロップすることで，TWELITE へ書き込むことができる．使用方法は上記のダウンロード URL を参照．

(2) TWELITE 用アプリ

TWELITE 用アプリは，下記の URL にアクセスしてダウンロードする．

https://mono-wireless.com/jp/products/TWE-APPS/index.html

表 8.5 に，利用可能な TWELITE 用アプリを示す．また，TWELITE NET SDK を用いると，アプリの自作も可能である．

表 8.5　利用可能な TWELITE 用アプリ

No.	アプリ名	説　明
1	超簡単！標準アプリ	工場出荷時の設定の入門用アプリで，ディジタル，アナログ，シリアル，I^2C に対応している．親機と子機の入出力状態が同期している．
2	無線タグアプリ	超省電力センサタグ向けアプリで，電池での長期稼動や MW-eHARVEST（環境発電）での稼動を考えた低消費電力を追求している．コイン型電池で動作可能となっている．
3	シリアル通信アプリ	UART シリアル通信に特化したアプリで，標準アプリのシリアル通信より機能が多彩となっている．透過的な通信とコマンドベースの通信に対応している．マイコンに UART シリアル接続する場合に最適である．
4	リモコンアプリ	長押し連続送信やペアリングができる省電力無線リモコンを作ることが可能である．
5	RC 専用アプリ	RC（ラジオコントロール）に特化したアプリで，サーボモータの制御や DC モータの回転スピードや正逆転制御が可能である．
6	アナログ信号通信アプリ	オーディオ・アナログ信号通信に特化したアプリで，簡易的な音声通信が可能である．

それでは，実習で使用するアプリを TWELITE に書き込む．実習では，「超簡単！標準アプリ」を用いるので，最新のバージョンを上記のサイトからダウンロードする．

アプリの書き込み手順

1) 上記の URL にアクセスし，「超簡単！標準アプリ」の「ダウンロード」をクリックする．ダウンロード画面が表示されるので，「最新バージョン」の「ソフトウェア」をクリックすると，zip ファイル（例：App_TweLite_x_x_x.zip）がダウンロードされる．
2) ZIP ファイルを展開すると，図 8.6 のような四つのファイルが得られる．ファイル名を見るとわかるように，BLUE（1 mW 級），RED（10 mW 級），MONOSTICK か否かに対応している．今回用いるのは BLUE であるので，子機（TWELITE-DIP）に「App_Twelite-Master-BLUE.bin」を，親機（MONOSTICK）に「App_Twelite-Master-BLUE-MONOSTICK.bin」を書き込む．

図 8.6 展開されたファイル

3) まず，子機へアプリを書き込む．TWELITE-R に TWELITE-DIP を装着する．このとき，図 8.7 のように，TWELITE-DIP の向きに注意する．
4) Windows PC の USB に接続すると，COM ポートが割り当てられるので，設定ソフト「TWELITE プログラマ」を起動する（本節（1）でインストールしたソフトのアイコンをダブルクリック）．

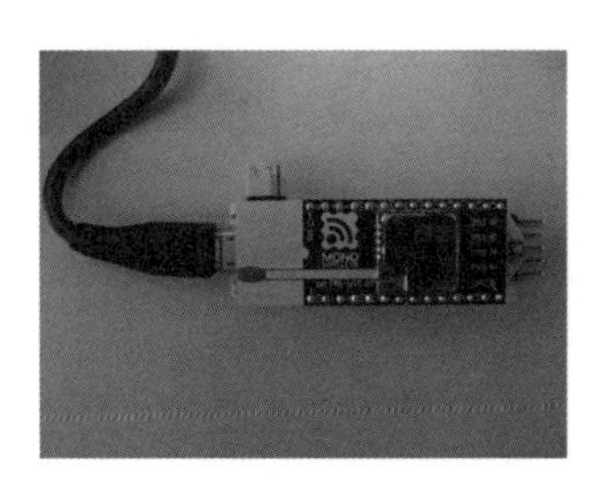

（a）BLUE

（b）RED

図 8.7 TWELITE の接続

5) 図 8.8 の起動画面の「ソフトウェアを選択して書き込む（ファイルドロップ可能）」の部分へ，ダウンロードした「App_Twelite-Master-BLUE.bin」をドラッグ＆ドロップする．書き込みが終了したら，「×」をクリックして終了し，Windows PC から，TWELITE-R の USB を取り外す．

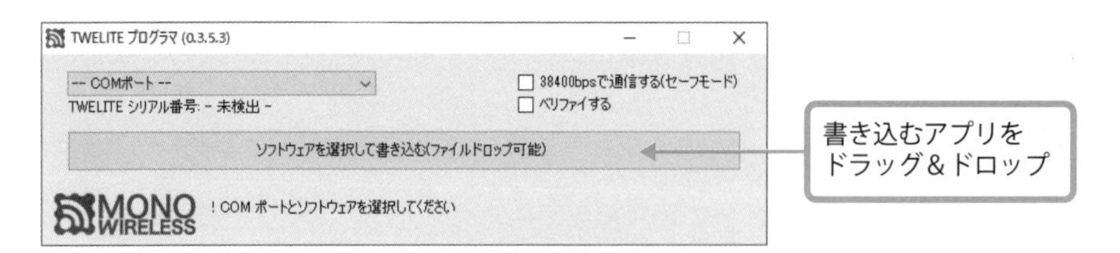

図 8.8　アプリを書き込む

6）次に，親機へアプリを書き込む．親機は MONOSTICK であるので，そのまま Windows PC の USB に接続する．
7）再度，設定ソフト「TWELITE プログラマ」を起動し，5）と同様にダウンロードした「App_Twelite-Master-BLUE-MONOSTICK.bin」をドラッグ&ドロップする．書き込みが終了したら，「×」をクリックして終了する．

(3) 周波数チャンネルとアプリケーション ID

初期設定では，周波数チャンネルが 18 チャンネルで，同一のアプリケーション ID が振られている．したがって，1 ペアまたは 1 グループのみ通信可能となっている．しかし，同一通信範囲に複数のペア・グループが存在すると混信するので，その対策が必要である．その方法は，表 8.6 に示すように「周波数チャンネルを変更する方法」と「アプリケーション ID を変更する方法」の 2 種類がある．

表 8.6　混信防止方法

周波数チャンネルを変更する（表 7.3 参照）	無線端末どうしが通信するためには，同一の周波数チャンネルを使用する必要がある．したがって，ほかのシステムと混信させないためには，周波数チャンネルを変えることが一つの方法である．利用可能なチャンネルは CH11 ～ CH26 であるので，16 個のグループを設定可能である．
アプリケーション ID を変更する	アプリケーション ID を設定すれば，同一の周波数チャンネル上で複数のグループが通信できる．アプリケーション ID は，0x00010001 ～ 0x7FFFFFFF の範囲で設定が可能である．本実習ではこの方法を用いることとし，アプリケーション ID を 0x00010123 にする．学校などで多人数で実習する場合は，学生番号などを利用すると，混信しないグループが構成できる．

子機のアプリケーション ID 設定

1）TWELITE-R に TWELITE-DIP を装着し，Windows PC の USB に接続する．
2）PC の Tera Term を起動する（Tera Term のインストールは，7.3 節参照）．図 8.9 のように，「シリアルポート」を選択し，「ポート」に TWELITE-R の COM ポートを選択し，「OK」をクリックする．「設定」＞「シリアルポート」を選択し，「Tera Term シリアルポート設定」画面で，「スピード」に対して 115200 を選択し，「OK」をクリックする．

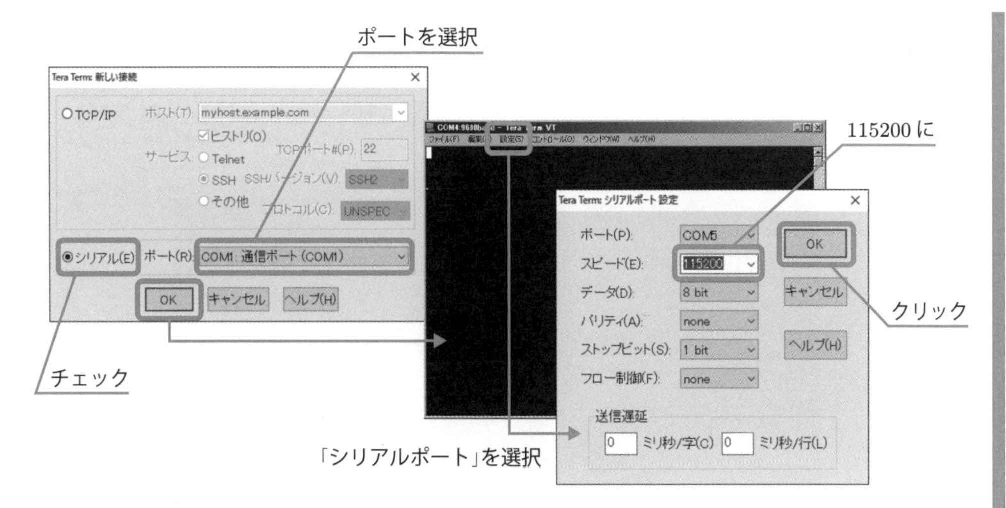

図 8.9　**ポートの選択と設定**

3) 設定は，Tera Term の端末で TWELITE-DIP とインタラクティブモードで通信することにより実施する．インタラクティブモードに入るには，「+++」とプラス記号をゆっくり（0.2 ～ 1 秒間隔）で 3 回入力する．

! うまくいかない場合は，少し間をおいてから繰り返す．

4) インタラクティブモードに入ると，図 8.10 のような画面が表示される．( ) 内はデフォルト値である．アプリケーション ID の初期値は，0x67720103 であることがわかる．

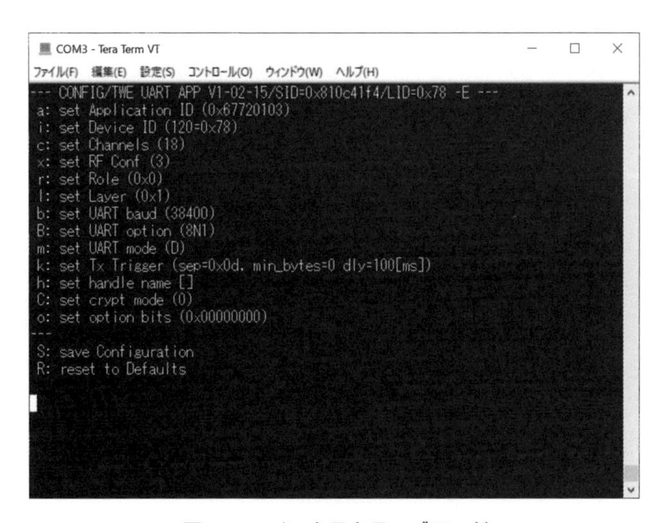

図 8.10　**インタラクティブモード**

5) 設定したい内容に対応するキーを入力すると，入力を促すメッセージが表示されるので，値を入力し Enter を押下する．Ctrl + C を入力するとキャンセルする．

6)「アプリケーション ID」を変更するには「a」を入力する．図 8.11 のように入力を促す表示がされるので，16 進数で入力する．入力範囲は，0x00010001 ～ 0x7FFFFFFF であるので，「00010123」と入力し，Enter キーを押下する．

```
COM3 - Tera Term VT
ファイル(F) 編集(E) 設定(S) コントロール(O) ウィンドウ(W) ヘルプ(H)
--- CONFIG/MONO WIRELESS TWELITE APP V1-08-2/SID=0x810c3b31/LID=0x78 ---
 a: set Application ID (0x00010123)*
 i: set Device ID (--)
 c: set Channels (18)
 x: set Tx Power (00)
 t: set mode4 sleep dur (1000ms)
 y: set mode7 sleep dur (10s)
 f: set mode3 fps (32)
 z: set PWM HZ (1000,1000,1000,1000)
 o: set Option Bits (0x00000000)
 b: set UART baud (38400)
 p: set UART parity (N)
---
 S: save Configuration
 R: reset to Defaults

Input Application ID (HEX:32bit): 00010123
```

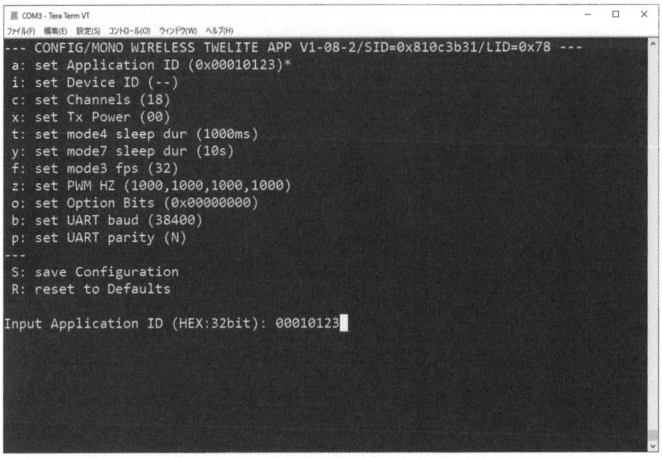

図 8.11　アプリケーション ID の変更

7) 設定値を入力しただけでは内容は反映されないので，「S」を入力する．「R」の入力で規定値に戻る．「!INF FlashWrite Success」と表示されたら書き込みが成功している．
8) インタラクティブモードから抜けるには，「+」を 3 回入力する．「×」をクリックして Tera Term を終了する．
9) Windows PC から USB を取り外し，TWELITE-R に装着している TWELITE-DIP を取り外す．

> ！ このとき，無理な力を TWELITE に与えないこと．ここで取り外した TWELITE は，後でブレッドボードに装着して子機として使用する．

親機のアプリケーション ID 設定

1) MONOSTICK を Windows PC の USB に接続する．
2) PC の Tera Term を起動し，子機の場合と同様にして Tera Term の画面を表示させる．「+」を 3 回入力し，インタラクティブモードに入る．
3) アプリケーション ID を設定するために「a」＞「00010123」と入力し，Enter キーを押下する．「S」を入力して設定内容を反映する．
4) インタラクティブモードから抜けるために，「+」を 3 回入力する．「×」をクリックして Tera Term を終了する．
5) Windows PC から MONOSTICK を取り外す．以上で子機，親機ともに「アプリケーション ID」の設定は完了である．

8.5　アナログ温度センサ（MCP9700-E/TO）

MCP9700（アナログ温度センサ）の仕様を表 8.7 に示す．これはデータシートからの抜粋である．VDD = 2.3 ～ 5.5 V であるので，TWILITE と同様に乾電池 2 本の電源を用いることができる．図 8.12 に外観と接続方法を示す．

表 8.7　MCP9700（アナログ温度センサ）の仕様（抜粋）

項　目	値
電源電圧 VDD［V］	2.3 ～ 5.5
温度係数［mV/℃］	10.0
測定温度範囲［℃］	− 40 ～ + 125
消費電力［μA］	6

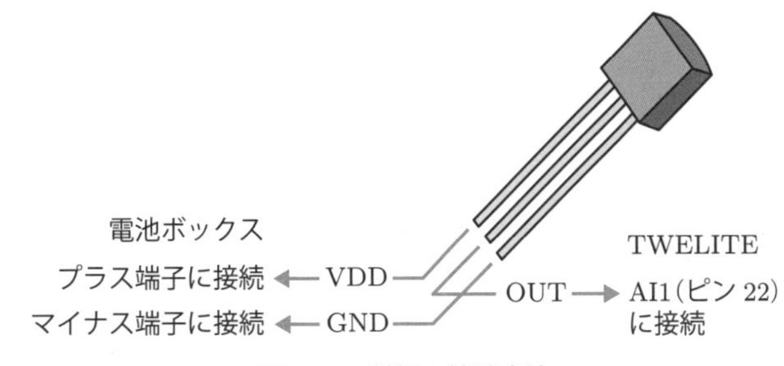

図 8.12　外観と接続方法

8.6　ディジタル・アナログ入力

(1) ネットワークの構成

それでは，子機からのディジタル入力とアナログ入力の方法を説明する．部品の都合から 1：1 で構成するが，TWELITE が入手できれば 1：n に容易に拡張できる（アプリケーション ID を同一にする）．図 8.13 にテスト用ネットワークの構成を示す．

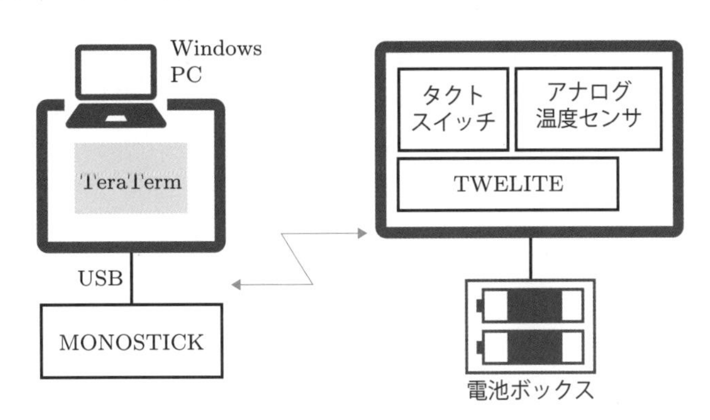

図 8.13　テスト用ネットワークの構成

(2) 配　線

子機側の TWELITE にタクトスイッチとアナログ温度センサ（MCP9700）を接続するために，図 8.14 のように配線する．ディジタル入力は，DI1（ピン 15）へ接続し，DI2 〜 DI4 は開放しておく（内部でプルアップされている）．アナログ入力は，AI1（ピン 22）へ接続し，未使用の AI2 〜 AI4 は VCC に接続しておく．

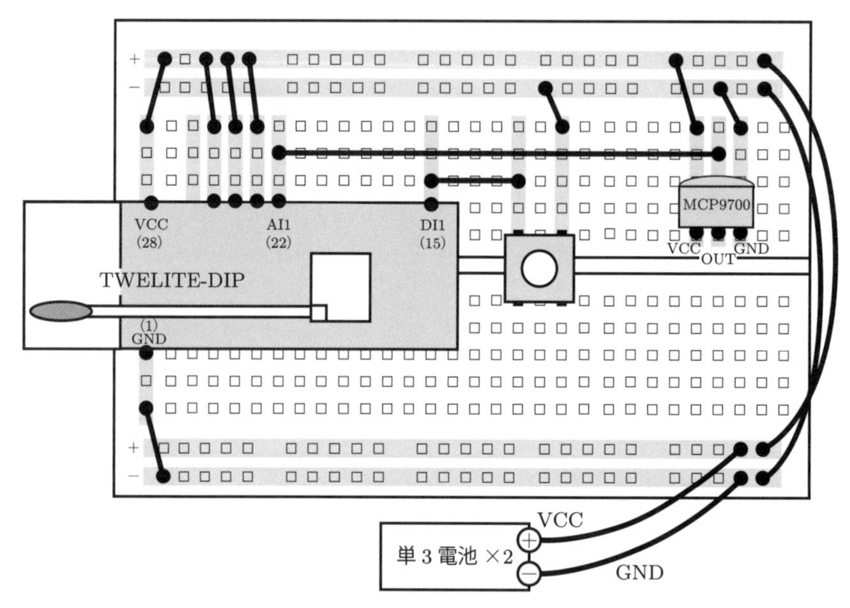

図 8.14　配線（タクトスイッチ，MCP9700）

(3) Tera Term によるディジタル・アナログ入力テスト（事前テスト）

ここでは，Raspberry Pi でのデータ収集に先立って，Windows PC 上の Tera Term を用いて無線通信の確認をする．

事前テストの手順

1) PC に MONOSTICK を接続する．
2) 8.4 節（3）のアプリケーション ID の設定時と同様に，PC の Tera Term を起動してポートの選択と設定を行う．
3) 子機側の電池を入れると，図 8.15 のように Tera Term 上に無線で親機に送られてきたデータが表示される．

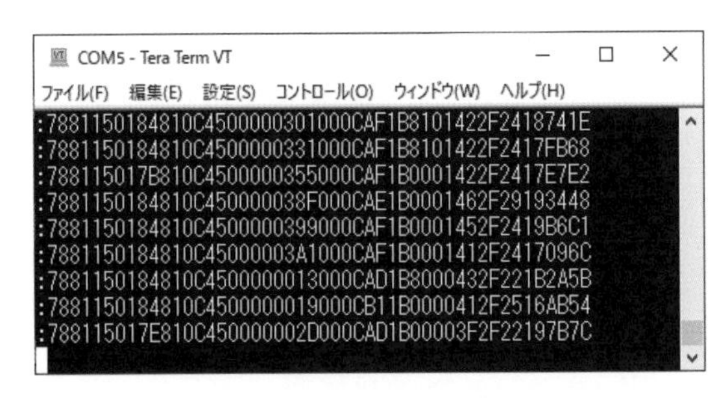

図 8.15　送信データが表示される

4）子機の送信を停止するには電池を取り外す．デフォルトでは，約 1 秒ごとに送信されてくる．

> ！ このフォーマットは，「標準アプリフォーマット」とよばれている．データの意味については，後で説明する．

5）無線でのデータの受信が確認できたので，「×」をクリックして Tera Term を終了する．

(4) 標準アプリフォーマット

Tera Term での事前テストでは，「**:**」で始まる下記のようなデータが得られている．

```
:78 81 15 01 7B 810C4500 00 30 F9 00 0C 3F 1B 80 00 2D FF FF FF FF 6C
```

表 8.8 に，この受信データの内容の説明を示す．18 ～ 22 バイトにおける AD 値 AD1 ～ AD4 と変換値 e1 ～ e4 の関係は，次のようになっている．

$$\mathrm{AD1} = (\mathrm{e1} \times 4 + \mathrm{ef1}) \times 4 \ [\mathrm{mV}]$$
$$\mathrm{AD2} = (\mathrm{e2} \times 4 + \mathrm{ef2}) \times 4 \ [\mathrm{mV}]$$
$$\mathrm{AD3} = (\mathrm{e3} \times 4 + \mathrm{ef3}) \times 4 \ [\mathrm{mV}]$$
$$\mathrm{AD4} = (\mathrm{e4} \times 4 + \mathrm{ef4}) \times 4 \ [\mathrm{mV}]$$

したがって，この例では 2DFFFFFF より，次のようになる．

$$\mathrm{e1} = \mathrm{0x2D} = 45$$
$$\mathrm{e2, e3, e4} = \mathrm{FF} \quad \text{（本実習では未使用）}$$
$$\mathrm{AD1} = (\mathrm{e1} \times 4 + \mathrm{ef1}) \times 4 = (45 \times 4 + 3) \times 4 = 732 \ [\mathrm{mV}]$$

表 8.8　受信データの例

バイト	16 進数	備　考
0	78	送信元の論理デバイス ID
1	81	コマンド番号（子機の状態通知）
2	15	パケット識別子
3	01	プロトコルバージョン

表 8.8　受信データの例（つづき）

バイト	16 進数	備　考
4	7B	受信電波品質 LQI（0 ～ 255） P［dBm］＝（7 × LQI － 1970）/20 （目安） • 50 未満（悪い：－ 80 dBm 未満） • 50 ～ 100（やや悪い） • 100 ～ 150（良好） • 150 以上（アンテナ近傍）
5 ～ 8	810C4500	送信元通信アドレス
9	00	宛先端末の論理デバイス ID
10 ～ 11	30F9	タイムスタンプ（1/60 秒でカウントアップ）
12	00	中継フラグ（中継回数 0 ～ 3）
13 ～ 14	0C3F	送信元の電源電圧［mV］（例：0C3F → 3135［mV］）
15	1B	（未使用）
16	80	（ディジタル入力 1 ～ 4） DI の状態ビット DI1 ～ DI4, 1 が ON（LOW）
17	00	DI の変化状態ビット，1 が変更対象
18 ～ 21	2DFFFFFF	（アナログ入力 1 ～ 4）4 バイト AD1 ～ AD4 の変換値 e1 ～ e4, 0 ～ 2000 mV の AD 値を 16 で割った値
22	FF	AD1 ～ AD4 の補正値 ef1 ～ ef4：1 バイト ef1　ef2　ef3　ef4 1 1　1 1　1 1　1 1
23	6C	チェックサム

(5) Raspberry Pi によるディジタル・アナログ入力テスト

それでは，Raspberry Pi のプログラムを用いて，子機からのディジタル・アナログ入力をテストする．図 8.16 にプログラムによるテストシステムの構成を示す．

プログラム 8.1 は，タクトスイッチ（ディジタル）と温度センサ（アナログ）の読み取りプログラムである．表 8.8 で示したフォーマットに従って送られてきたデータを取り出している．

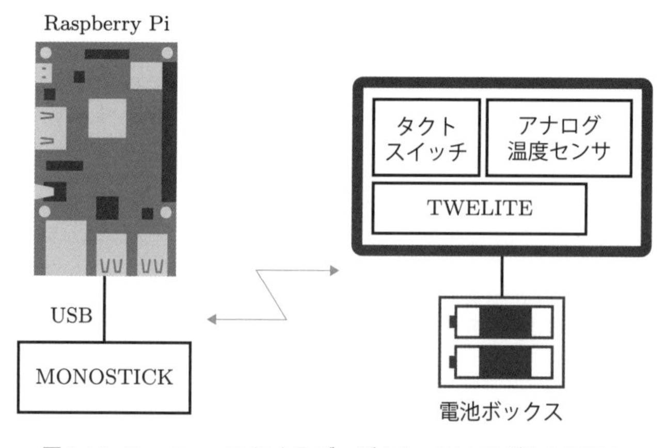

図 8.16　Raspberry Pi によるディジタル・アナログ入力テスト

プログラム 8.1 TWELITE を用いたディジタル・アナログ入力の読み取り（twelite.py）

```
# twelite.py     (p8-1)

import serial  # serialモジュールのインポート

def main():                                         # main関数
  ser = serial.Serial("/dev/ttyUSB0", 115200)  # Serialのインスタンス化

  try:
    while True:                                 # 無限ループ
      line = ser.readline().rstrip()        # 1行読み込み（末尾空白削除）
      line = line.strip().decode('utf-8')  # 空白削除・文字コード変換

      if len(line) > 0 and line[0] == ':': print("\n%s" % line)
      else: continue
                     # lineが : で始まっていれば表示し，そうでなければ以下の処理をスキップ

      list2 = [line[i:i+2] for i in range(1,len(line),2)]
      list = []
      for i in range(0,len(list2),1):
        n = int(list2[i],16)
        list.append(n)  # listに追加
      list.pop()        # チェックサムを削除

      if list[1] == 0x81:  # 子機の状態通知であれば以下の処理を実施
        for i in range(0,len(list)):
          print("%02X " % list[i], end="")
        print()

      print(" [0]    : src        = 0x%02X" % list[0])  # 送信元論理デバイスID
      print(" [1]    : command    = 0x%02X" % list[1])  # コマンド番号
      print(" [2]    : packet id = 0x%02X" % list[2])  # パケット識別子
      print(" [3]    : version    = 0x%02X" % list[3])  # バージョン
      print(" [4]    : LQI        = 0x%02X" % list[4])  # 受信電波品質

      ladr = list[5] << 24 | list[6] << 16 | list[7] << 8 | list[8]
      print(" [5-8] : src long   = 0x%08X" % ladr)  # 送信元アドレス

      print(" [9]    : dst        = 0x%02X" % list[9])  # 宛先論理デバイスID

      ts = list[10] << 8 | list[11]
      #print("[10-11]: time stamp = %.3f [s]" % (ts / 64.0))
      print("[10-11]: time stamp= 0x%02X" % ts)  # タイムスタンプ

      print("[12]    : relay flg = 0x%02X" % list[12])  # 中継フラグ

      vlt = list[13] << 8 | list[14]
      print("[13-14]: volt       = 0x%02X" % vlt)  # 送信元電源電圧(mV)

      print("[15]    : reserved   = 0x%02X" % list[15])  # 未使用

      print("[16]    : DI1-4      = 0x%02X" % list[16])  # ディジタル入力
      print("[17]    : DI1-4_chg = 0x%02X" % list[17])  # 同上　変化状態
      dibm = list[16]
      dibm_chg = list[17]
```

```
      di = {}
      di_chg = {}
      for i in range(1,5):  # DI1 ～ DI4 の状態作成
        if((dibm & 0x1) == 0): di[i] = 0
        else: di[i] =  1
        if((dibm_chg & 0x1) == 0): di_chg[i] = 0
        else: di_chg[i] = 1
        dibm >>= 1
        dibm_chg >>= 1

      print("          DI1=%d/%d  DI2=%d/%d  DI3=%d/%d  DI4=%d/%d" % (di[1],
di_chg[1], di[2], di_chg[2], di[3], di_chg[3], di[4], di_chg[4]))
                                                          # DI1 ～ DI4 の表示

      analog = list[18] << 24 | list[19] << 16 | list[20] << 8 | list[21]
      print("[18-21]: e1-e4      = 0x%08X" % analog)    # アナログ入力
      print("[22]    : ef1-ef4   = 0x%02X" % list[22])  # 同上　補正値

      ad = {}
      er = list[22]
      for i in range(1,5):
        av = list[i + 18 - 1]
        if(av == 0xFF): ad[i] = -1
        else: ad[i] = ((av * 4) + (er & 0x3)) * 4
        er >>= 2

      print("          AD1=%04d AD2=%04d AD3=%04d AD4=%04d [mV]" % (ad[1], ad[2],
ad[3], ad[4]))  # 補正値の表示

  except KeyboardInterrupt:  # Ctrl+C で無限ループからの脱出
    pass                     # 何もしない

  ser.close()  # ser を停止

if __name__ == "__main__":  # プログラムの起点
  main()
```

実行結果　python3 twelite.py で実行する．以下のような計測結果表示を繰り返す．

```
:78811501AB810C45000046C9000BC11A80002DFFFFFFFCD9
78 81 15 01 AB 81 0C 45 00 00 46 C9 00 0B C1 1A 80 00 2D FF FF FF FC
 [0]    : src        = 0x78
 [1]    : command    = 0x81
 [2]    : packet id  = 0x15
 [3]    : version    = 0x01
 [4]    : LQI        = 0xAB
 [5-8]  : src long   = 0x810C4500
 [9]    : dst        = 0x00
[10-11]: time stamp= 0x46C9
[12]    : relay flg  = 0x00
[13-14]: volt        = 0xBC1
[15]    : reserved   = 0x1A
[16]    : DI1-4      = 0x80
[17]    : DI1-4_chg  = 0x00
          DI1=0/0  DI2=0/0  DI3=0/0  DI4=0/0
[18-21]: e1-e4      = 0x2DFFFFFF
[22]    : ef1-ef4   = 0xFC
```

```
        AD1=0720 AD2=-001 AD3=-001 AD4=-001 [mV]

Ctrl+C で終了する.
```

8.7 実習例題

プログラム 8.1 を改造して，送られてきたアナログデータの電圧値から温度（℃）を表示できるようにせよ．

データシートによると，MCP9700 のセンサの変換関数は次式である．

$$V_{\text{out}} = T_{\text{c}} \times T_{\text{a}} + V_0 \tag{8.1}$$

ここで，V_{out}：センサ出力電圧［mV］，T_{c}：温度係数［mV/℃］，T_{a}：周囲温度［℃］，V_0：0℃のときのセンサ出力電圧［mV］である．

MCP9700 の場合，$T_{\text{c}} = 10.0$，$V_0 = 500.0$ であるので，次式で温度が求められる．

$$T_{\text{a}} = \frac{V_{\text{out}} - V_0}{T_{\text{c}}} = \frac{V_{\text{out}} - 500.0}{10.0} \ [℃]$$

演習問題　プログラム 8.1 を改造して，複数の子機からのデータを収集できるようにする方法を考えよ．

CHAPTER 9

環境データ監視システム（データ収集）

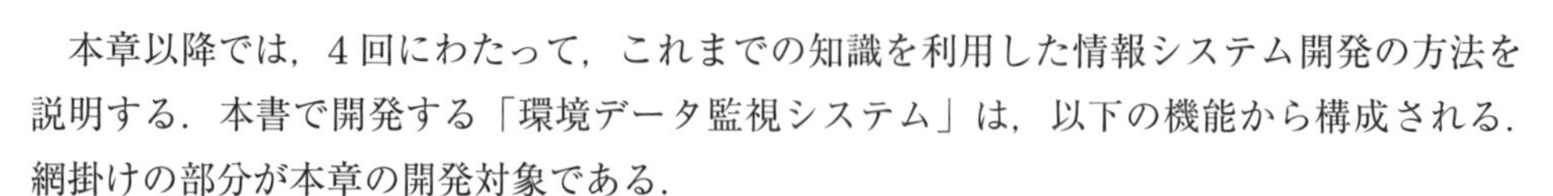

本章以降では，4回にわたって，これまでの知識を利用した情報システム開発の方法を説明する．本書で開発する「環境データ監視システム」は，以下の機能から構成される．網掛けの部分が本章の開発対象である．

（1）データ収集　（2）データ保存　（3）データ表示　（4）データ公開

企業で実施される情報システム開発は，すべてを個人で行うことはなく，多くの開発者がグループで作業をすることによって実施されている．したがって，本書でも10名程度のグループを形成し，環境データ監視システムを開発する．グループによる開発を実施する場合には，プロジェクトリーダ1名，（1）～（4）の機能ごとにサブリーダ1名と複数名のメンバーを割り当てる．

なお，個人でも開発できるように説明してあるので，順を追って進めると一人でも実習できる．

環境データ監視システムでは，第8章で用いた物品を必要とする．そのほかに必要な物品を表9.1に示す．

表9.1　第9章で用いる物品

No.	物　品	秋月電子通商の通販コード	価　格（2021.8現在）
1	焦電型赤外線センサ EKMC1601111	M-09750	500円
2	単安定マルチバイブレータ　TC74HC423AP	I-10925	60円
3	抵抗 10 kΩ（100本入）	R-25103	100円
4	抵抗 20 kΩ（100本入）	R-03940	100円
5	抵抗 680 kΩ（100本入）	R-25684	100円
6	電解コンデンサ 100 μF	P-02724	15円
7	汎用整流ダイオード（20本入）	I-00934	100円

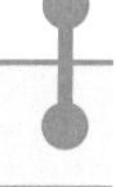

9.1 システム仕様

以下の仕様を満足する環境データ監視システムを開発する．

① コンピュータは，Raspberry Piを用いる．また，データ収集は無線マイコンモジュール TWELITE（子機：TWELITE-DIP，親機：MONOSTICK）を用いる．

② 実現する機能として，「データ収集」，「データ保存」，「データ表示」，「データ公開」のすべてを実装する．

③「データ収集機能」は，子機から送信されてくる温度と人感センサのデータを収集する．1時間ごとの温度と，時間内の人感センサ反応回数をファイルに出力する．

④「データ保存機能」は，収集したデータを1時間ごとにデータベースに出力する．

⑤「データ表示機能」は，データベースからデータを取り出し，1時間ごとに1日（24時間）の時系列データ（横軸：時間，縦軸：温度，人感センサの反応回数）として表示させる．また，過去のデータの表示も可能とする．

⑥「データ公開機能」は，Webブラウザからデータ表示機能が利用できるようにする．

⑦ 各機能ごとに分割したグループでの開発は，各自のRaspberry Piを用いて開発し，動作確認が終了したら，親機となるRaspberry Piに移植する．個人で行う場合には，一つのRaspberry Pi上で開発する．

図9.1にシステム構成図を示す．網掛けの部分が本章の開発対象である．

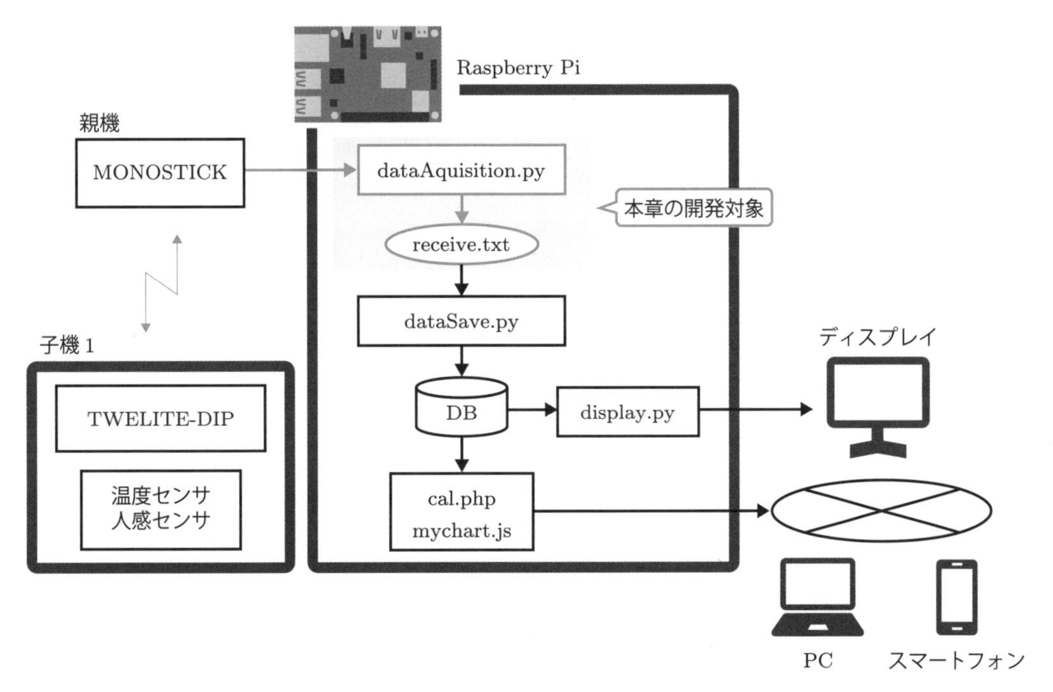

図9.1　システム構成図と本章の開発対象

9.2 システム開発の進め方

グループで実習を実施する場合は，まず各担当を相互の協議で決定し，図9.2のプロジェクトの構成員を決定する．

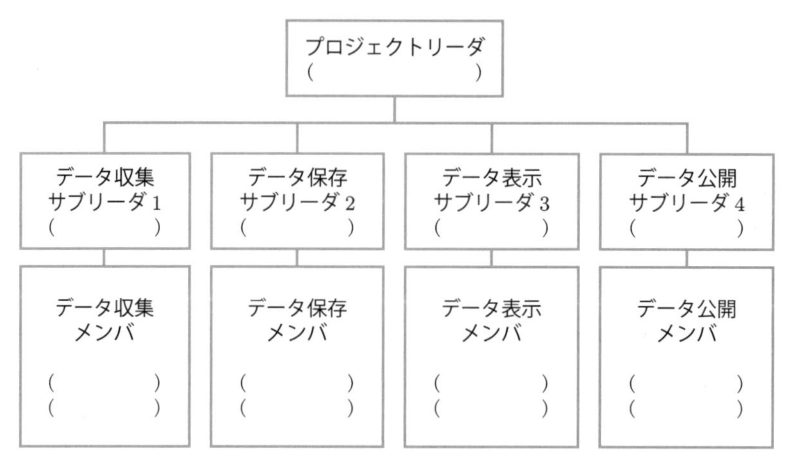

図 9.2　**プロジェクトの構成員**

プロジェクトリーダ，サブリーダはシステム開発が効率的に進められるような工夫をする．以下の手順を参考にしてシステム開発を進める．

① データベースの構造を決定する（グループメンバ）．その際は，データベースの正規形について考慮する．{date：日時，lid：論理デバイスID，id：個体識別番号，temp：温度，hcount：人感センサ反応回数} は，どのグループも統一しておこう．上記以外は任意とする．

② 画面の設計を行う（グループメンバ）．使いやすい画面の設計はどのようにしたらよいかを考え設計する．この際，プログラム作成時に必要となる部品の名称なども決めておく．

③ 作業項目の洗い出しと分担を決定する（グループメンバ）．

④ 開発システムの基本設計を行う．今回は四つのグループで機能別に開発し，最後に組み合わせてシステムを開発するので，機能ごとのインタフェースを明確にしよう．プロジェクトリーダは，基本設計の内容を全員に理解させよう．

⑤ プログラミングを行う（サブシステムメンバ）．サブリーダは，メンバの担当部分を明確にしよう．各メンバは，それぞれの担当部分を，責任をもって開発しよう．

⑥ サブシステムごとの試験を行う（サブシステムメンバ）．サブリーダは，サブシステムメンバを協力させて実施しよう．

⑦ サブシステムを組み合わせて，システム全体の組み合わせ試験を行う（グループメンバ）．プロジェクトリーダは，メンバを協力させて実施しよう．

⑧ 報告書とプレゼンテーションの資料を作成する（グループメンバ）．

9.3 TWELITE の設定

第8章と同様，使用するアプリは，「超簡単！標準アプリ」とする．アプリのTWELITE への書き込みは，「TWELITE プログラマ」を利用する．アプリの書き込みが終了したら，Tera Term で「アプリケーション ID」などのパラメータを設定する．8.4 節（3）を参照して，子機と親機をそれぞれ表 9.2，9.3 のように設定する．

表 9.2　子機の設定

No.	項　目	入力コマンド	設　定
1	アプリケーション ID	a	0x00010001 ～ 0x7FFFFFFF の範囲で入力する．親機と同一とする．
2	論理デバイス ID	i	子機ごとに 1 から連番で設定する．（例）子機 1：1，子機 2：2
3	子機間欠 10 秒モードの間欠時間（秒）	y	2 秒～ 10,000 秒の範囲で入力する．ここでは 60 秒に設定する．

表 9.3　親機の設定

No.	項　目	入力コマンド	設　定
1	アプリケーション ID	a	0x00010001 ～ 0x7FFFFFFF の範囲で入力する．小機と同一とする．

9.4 焦電型赤外線センサ（EKMC1601111）

焦電型赤外線センサは，自分から検出のための赤外線を発光するのではなく，熱源から放射される赤外線を受けることによって検出するため，赤外線パッシブ方式ともよばれるセンサである．入射赤外線の変化を検出することにより人体を検出するため，人感センサともよばれる．熱源である人体と，床や壁などの背景との温度差に応じて動作する．

焦電型赤外線センサの仕様を，表 9.4 に示す．これはデータシートからの抜粋である．図 9.3 に外観と接続方法を示す．

表 9.4　焦電型赤外線センサ（EKMC1601111）の仕様（抜粋）

項　目	値
動作電圧 VDD［V］	2 ～ 6
出力電流［μA］	100
安定時間［s］	30
消費電流［μA］	170 ～ 300
出力電圧［V］	VDD − 0.5
検出距離［m］	5

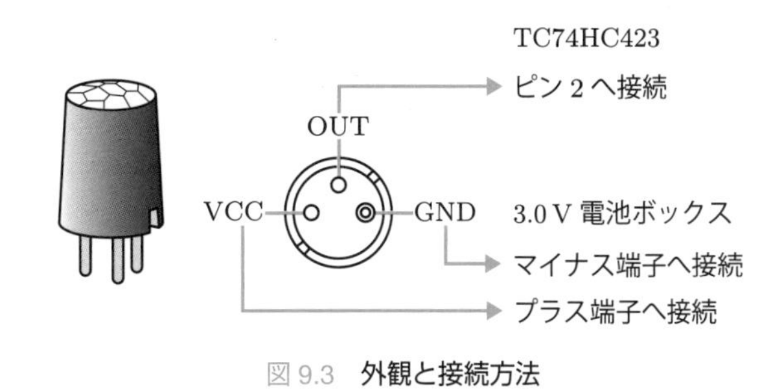

図 9.3　外観と接続方法

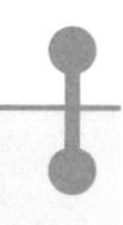

9.5 単安定マルチバイブレータ（TC74HC423）

入力信号が変化するとき，一定時間のパルス電圧を出力する回路を単安定マルチバイブレータとよぶ．これまで TC74HC123 などがよく利用されてきたが，生産終了となっているので，ここでは TC74HC423 を用いる．TC74HC423 の仕様を，表 9.5 に示す．これはデータシートからの抜粋である．図 9.4 に TC74HC423 の外観とピン配置を示す．

また，図 9.5 に焦電型赤外線センサと組み合わせた状態保持回路を示す．これは，表 9.6 の真理値表の No.4 に対応するものである．保持時間 T_c は次式で示される．

$$T_c\ [\mathrm{s}] = R_x\ [\mathrm{M\Omega}] \times C_x\ [\mathrm{\mu F}] \tag{9.1}$$

表 9.5　単安定マルチバイブレータ TC74HC423 の仕様（抜粋）

項　目	値
動作電圧 VCC［V］	2 ～ 6
入力電圧［V］	0 ～ VCC
出力電圧［V］	0 ～ VCC
外付けコンデンサ C_x［F］	制限なし
外付け抵抗 R_x［Ω］	5 k 以上（VCC = 2.0 V） 1 k 以上（VCC ≧ 3.0 V）

図 9.4　外観とピン配置

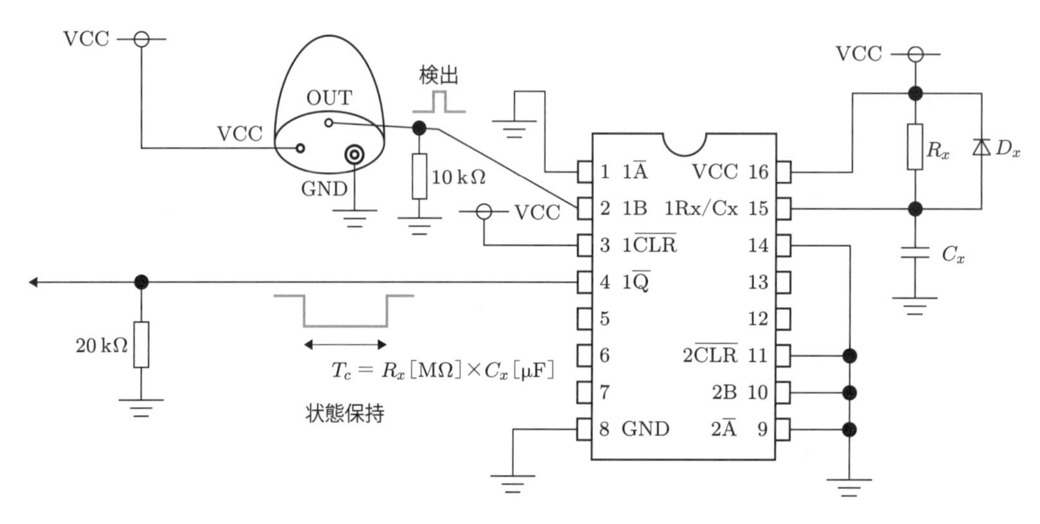

図 9.5　保持回路

表 9.6 TC74HC423 の真理値表

No.	入力			出力		説明
	A	B	$\overline{\mathrm{CLR}}$	Q	$\overline{\mathrm{Q}}$	
1	↓	H	H	⊓	⊔	出力利用可能
2	∗	L	H	L	H	出力利用禁止
3	H	∗	H	L	H	出力利用禁止
4	L	↑	H	⊓	⊔	出力利用可能
5	∗	∗	L	L	H	リセット

∗：ドントケア

9.6 センサの作成と読み取りシステムの構成

部品がそろったら，図 9.6 のように配線する．60 秒ごとにデータを送信させるために，M1，M2，M3 ピンはすべて GND に接続することに注意する．また，人感センサの状態保持時間 T_c は，60 秒以上必要であるため，R_x = 680 kΩ と C_x = 100 μF としてある．すなわち，T_c = 0.68 MΩ × 100 μF = 68 s である．なお，D_x は過渡過電圧を防止するためのクランピングダイオードである．

Raspberry Pi のプログラムにより，子機から人感センサと温度センサの値を読み取る．図 9.7 に読み取りシステムの構成を示す．

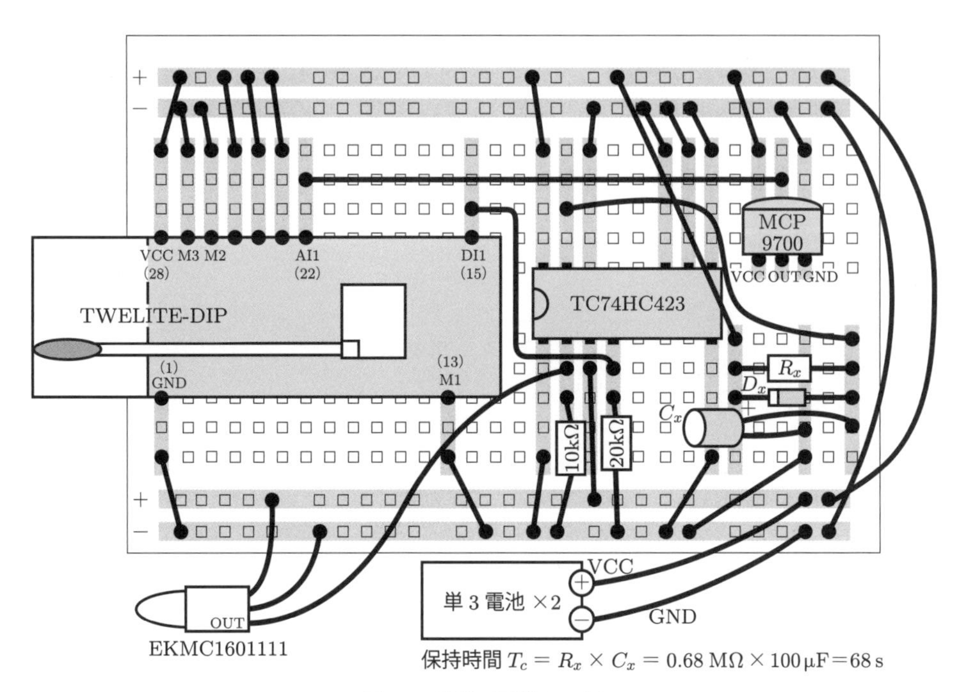

図 9.6 配線（子機センサ）

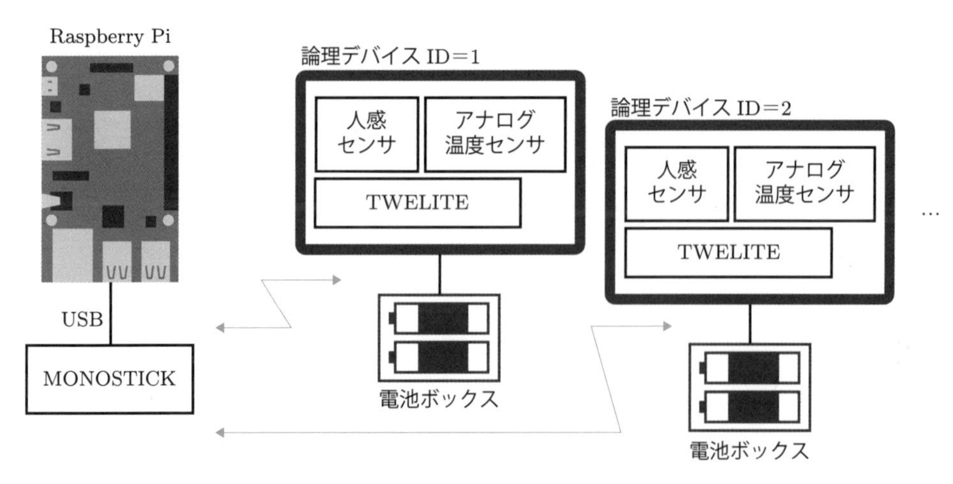

図 9.7　読み取りシステムの構成

9.7 データ収集サブシステム

データ収集サブシステムの，タスクファイル相関図を図 9.8 に，フローチャートを図 9.9 に示す．

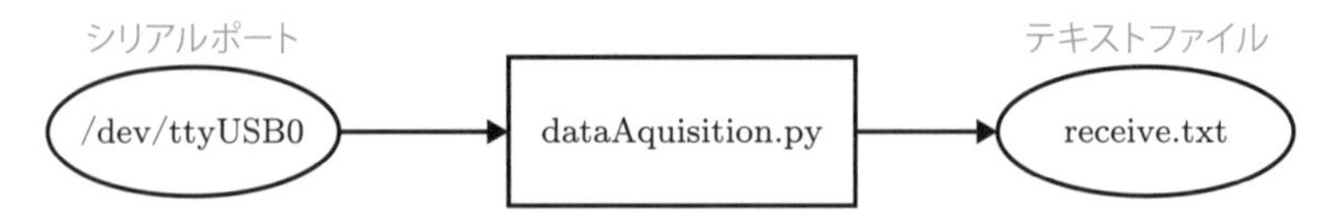

図 9.8　データ収集サブシステムのタスクファイル相関図

プログラム 9.1 に，データ収集サブシステムのプログラムを示す．プログラム中では，日付が変わった場合に真夜中処理で受信ファイルのクリアを行っているが，下記のコマンドを呼び出している．

```
echo '' > receive.txt
```

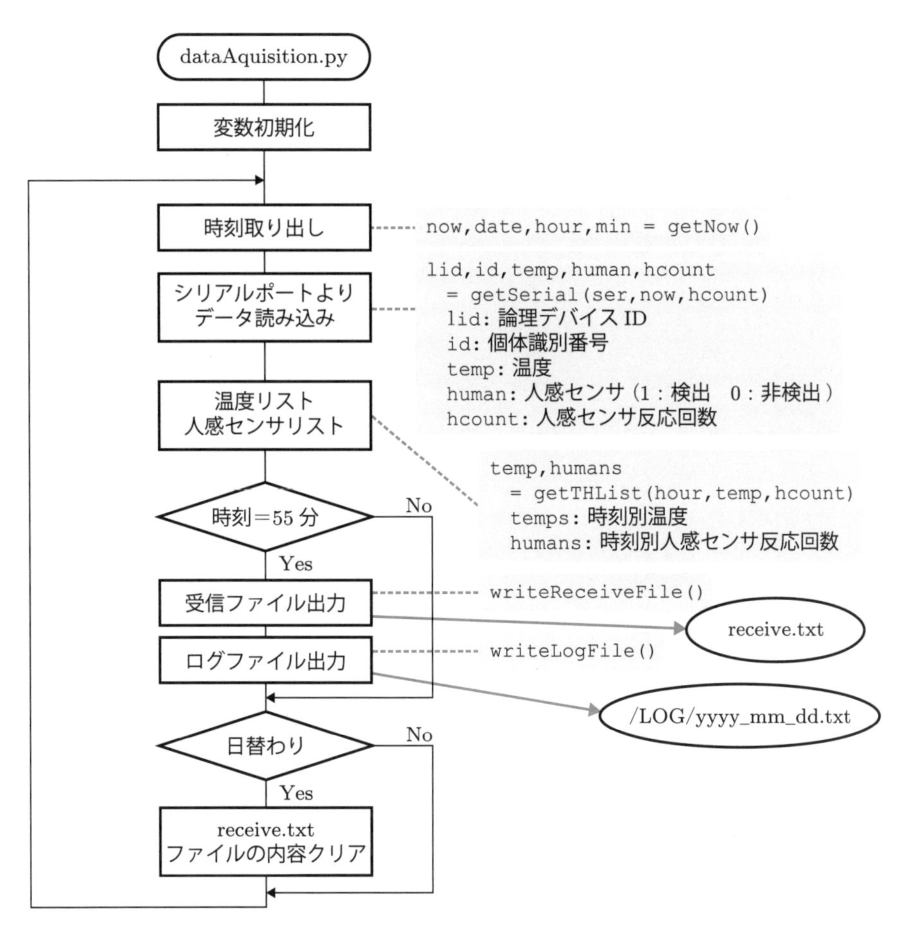

図 9.9　データ収集サブシステムのフローチャート

プログラム 9.1　データ収集サブシステム（dataAquisition.py）

```
# dataAquisition.py      (p9-1)

import os                       # os モジュールのインポート
import serial                   # serial モジュールのインポート
from datetime import datetime   # datetime モジュールからの datetime 関数のインポート
import subprocess               # subprocess モジュールのインポート
from time import sleep          # time モジュールからの sleep 関数のインポート
#--------------------------------------------------------
def getNow():               # getNow 関数
  now = datetime.now()  # 現在時刻取り出し
  date = "{:%Y-%m-%d %H}".format(now)
  hour = now.hour         # 時
  min = now.minute        # 分
  return now,date,hour,min
#--------------------------------------------------------
def readSerial(ser,now,hcount):                # readSerial 関数
  line = ser.readline().rstrip()
  line = line.strip().decode('utf-8')
  list2 = [line[i:i+2] for i in range(1,len(line),2)]
  if len(list2) != 24: return '-1',0,0.0,0,0  # 異常データでリターン
```

```
  list = []
  for i in range(0,len(list2),1):
    n = int(list2[i],16)
    list.append(n)                                      # list に追加
  list.pop()                                            # チェックサムを削除

  lid = list[0]                  # 論理デバイス ID
  #print("lid=",lid, end="")  # 論理デバイス ID (lid) 表示
  ladr = list[5] << 24 | list[6] << 16 | list[7] << 8 | list[8]
  ts = list[10] << 8 | list[11]
  vlt = list[13] << 8 | list[14]
  dibm = list[16]
  dibm_chg = list[17]
  di = {}
  di_chg = {}
  for i in range(1,5):
    if((dibm & 0x1) == 0): di[i] = 0
    else: di[i] =  1
    if((dibm_chg & 0x1) == 0): di_chg[i] = 0
    else: di_chg[i] = 1
    dibm >>= 1
    dibm_chg >>= 1
  #print("DI1-4=",di)

  analog = list[18] << 24 | list[19] << 16 | list[20] << 8 | list[21]
  ad = {}
  er = list[22]
  for i in range(1,5):
    av = list[i + 18 - 1]
    if(av == 0xFF): ad[i] = -1
    else: ad[i] = ((av * 4) + (er & 0x3)) * 4
    er >>= 2

  date = "{:%Y/%m/%d %H:%M}".format(now)
  #print( date," ", end="")   # 時刻表示
  id = "{:02X}".format(ladr)  # 個体識別番号 (id)
  #print("id=",id, end="")     # 個体識別番号 (id) 表示

  temp = (int(ad[1]) - 500.0) /10.0  # 温度（temp)
  #print("temp=",temp, end="")        # 温度（temp）表示

  human = di[1]
  if human == 1:
    hcount += 1

  # print(" human_count=",hcount)  # 反応回数（hcount）表示
  return lid,id,temp,human,hcount
#------------------------------------------------------
def getTHList(hour,temp,hcount, temps,humans):  # getTHList 関数
  temps[hour] = temp
  humans[hour] = hcount
  return temps,humans
#------------------------------------------------------
def writeReceiveFile(fname,now,hour,lid,id, temps,humans):  # writeReceiveFile 関数
  f = open(fname,'a')                                        # ファイルオープン
  date = "{:%Y/%m/%d %H}".format(now)
```

```
  s = date+","+str(lid)+","+id+","+str(temps[hour])+","+str(humans[hour])+"\n"
  f.write(s)                                                # ファイル出力
  f.close()                                                 # ファイルクローズ
#---------------------------------------------------------
def writeLogFile(now):                          # writeLogFile 関数
  backupfile = "./LOG/{:%Y_%m_%d}".format(now)+".txt"
  print("backupfile = ", backupfile)
  cmd = "cp ./receive.txt "+backupfile  # コマンドの作成
  print(cmd)
  subprocess.run(cmd, shell=True)       # 外部コマンドの実行
#---------------------------------------------------------
def main():           # main 関数
  print("dataAquisition start")
  clearflag = 0       # 受信ファイルのクリアフラグ・リセット
  hcount = 0          # 反応回数初期化
  temps = [0.0]*24    # 温度時系列データ
  humans = [0]*24     # 反応回数時系列データ

  fname = 'receive.txt'
  f = open(fname, 'w')                    # receive.txt ファイルが存在しなければ作成
  f.close()
  if os.path.exists('./LOG') == False: os.mkdir('LOG')
                                               # LOG ディレクトリが存在しなければ作成
  ser = serial.Serial("/dev/ttyUSB0", 115200)  # Serial のインスタンス化

  try:
    while True:                         # 無限ループ
      #------------------------------------------
      now,date,hour,min = getNow()  # 現在時刻取り出し
      #------------------------------------------
      lid,id,temp,human,hcount = readSerial(ser,now,hcount)
                              # シリアルデータ読み込み（id, 温度, 人感センサ出力, 反応回数）
      #----------------------------------------------
      print(" {:%Y-%m-%d %H:%M:%S}".format(now),
            "|",lid,id,temp,hcount)  # 受信データ表示

      if lid != '-1':  # 受信データが正常の場合
        sleep(60)      # 60s スリープ（反応回数のカウントは 1 分ごと）

        if min == 55:  # 55 分に以下の処理を実施
          #----------------------------------------------
          temps,humans = getTHList(hour,temp,hcount,temps,humans)
                                        # 時系列データ作成（温度, 反応回数）
          #----------------------------------------------
          writeReceiveFile(fname,now,hour,lid,id,temps,humans)
                                  # 受信ファイルへ出力（時刻, lid, id, 温度, 反応回数）
          #----------------------------------------------
          writeLogFile(now)  # ログファイルへ出力
          #----------------------------------------------
          #for i in range(24): print(temps[i],",", end="")
          #print()
          #for i in range(24): print(humans[i],",", end="")
          #print()

          clearflag = 0   # 受信ファイルのクリアフラグ・リセット
          hcount = 0      # 反応回数初期化
```

```
        else: clearflag = 0  # 受信データが異常の場合もリセットする

          #-- 真夜中処理 midnight processing ----------------------
          if hour == 0 and min == 10 and clearflag == 0:
                                          # 0時10分でクリアフラグ=0 であれば，以下の処理を実行
            cmd = " echo '' > receive.txt"    # 受信ファイルのクリアコマンド
            print(cmd)
            subprocess.run(cmd, shell=True)  # 外部コマンドの実行
            clearflag = 1                    # 受信ファイルのクリアフラグ・セット
          #----------------------------------------------

  except KeyboardInterrupt:  # Ctrl+C で無限ループからの脱出
    pass                     # 何もしない

  ser.close()  # ser を停止

if __name__ == "__main__":  # プログラムの起点
  main()
```

実行結果

python3 dataAquisition.py で実行する．以下のように，受信ファイルとログファイルが作成される．

```
cat receive.txt
2020/02/07 00,1,8201338C,18.2,0
2020/02/07 01,1,8201338C,18.3,0
2020/02/07 02,1,8201338C,18.1,0
2020/02/07 03,1,8201338C,18.4,0

cat ./LOG/2020_02_07.txt
2020/02/07 00,1,8201338C,18.2,0
2020/02/07 01,1,8201338C,18.3,0
2020/02/07 02,1,8201338C,18.1,0
2020/02/07 03,1,8201338C,18.4,0
```

演習問題　プログラム9.1は子機が一つの「環境データ監視システム」を開発する場合であるが，複数の子機に対応できるようにシステムを拡張する方法を，以下のような手順で検討せよ．

① サブリーダは，システムを拡張する方法について，メンバに議論させ，最良の方法を決定せよ．

② その方法に基づいて，図9.9のデータ収集サブシステムのフローチャートの改訂版を作成せよ．

③ 可能であれば，プログラムを改造せよ．

CHAPTER

10 環境データ監視システム（データ保存）

本章では，第 9 章から開始した「環境データ監視システム」開発における，下記の（2）の内容を説明する．

（1）データ収集　（2）データ保存　（3）データ表示　（4）データ公開

図 10.1 に示すシステム構成の，網掛けの部分が本章の開発対象である．図 10.2 に，データ保存サブシステムのタスクファイル相関図を示す．図の網掛けになった部分は，事前の動作確認のためのファイル，データベース，およびテストプログラムである．まずこれらの部分を開発し，動作を確認する．

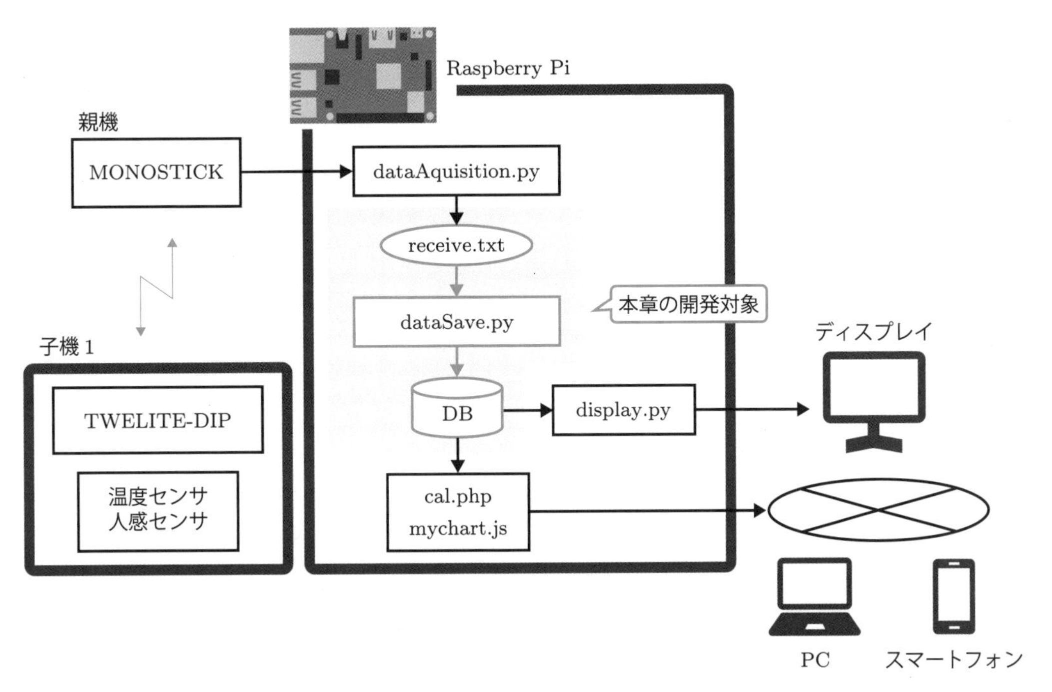

図 10.1　システム構成と本章の開発対象

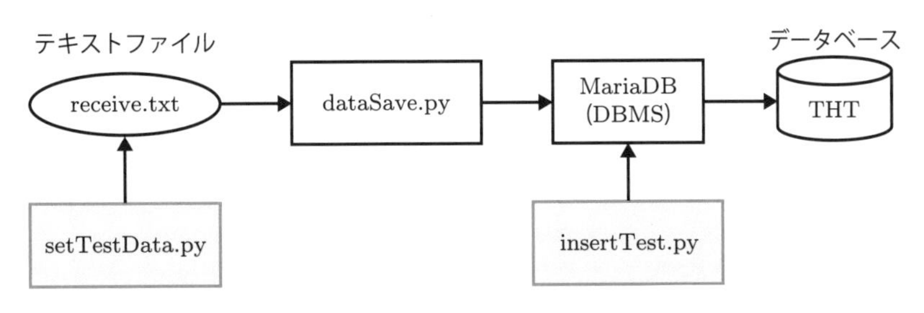

図 10.2　データ保存サブシステムのタスクファイル相関図

10.1 MariaDB

MySQLは，1995年に開発されたオープンソースのリレーショナルデータベース管理システム（RDBMS）である．MySQLは，ブログソフトウェアで有名なWordPressの推奨データベースでもあり世界中で利用者が多いRDBMSである．そして，MariaDBは，MySQLの派生として2009年に公開されたオープンソース開発向けのRDBMSであり，今後はこのMariaDBが主流になっていくと考えられている．MariaDBもMySQLも同一のデータベース操作言語のSQLが利用できるため，本実習では最新のMariaDBを用いる．

(1) インストール

まず，Raspberry PiへMariaDBをインストールする．その手順を以下に示す．

MariaDBのインストール

1）インストール可能なパッケージのリストを最新版に更新する．

```
sudo apt-get update
```

2）MariaDBのインストールを行う．

```
sudo apt-get install -y mariadb-client mariadb-server
```

！ 5分程度の時間を要するので，気長に待とう．

3）MariaDBのバージョンを表示するには，次のようにすればよい．

```
mysql -V
```

(2) rootユーザのパスワード設定

MariaDBインストールの時点では，rootユーザにはパスワードが設定されていないので，セキュリティ上問題である．表10.1に示すように，ここではrootユーザのパスワードを「mysql」とする．

表10.1　MariaDB rootユーザ名とパスワード

ユーザ名	パスワード
root	mysql

rootユーザのパスワード設定

1）rootユーザでMariaDBにログインする．sudoを付けることに注意しよう．

```
sudo mysql -u root -p
```

2）パスワード入力を求められるが，初期のパスワードはないので，そのままEnterキーを押下すると，下記のプロンプトが表示される．

```
MariaDB [(none)]>
```

3) root パスワードを設定する.

```
MariaDB [(none)]> update mysql.user set password=
password("mysql") where user="root";
MariaDB [(none)]> flush privileges;
MariaDB [(none)]> quit
```

(3) MariaDB ユーザの登録

実習で用いる MariaDB のユーザ名とパスワードを設定する. 表 10.2 に示すように, ここではユーザ名を「hit」, パスワードを「hit」とする.

表 10.2 MariaDB ユーザ名とパスワード

ユーザ名	パスワード
hit	hit

MariaDB ユーザの登録

1) ルートユーザで MariaDB にログインする.

```
sudo mysql -u root -p
```

2) 先ほど設定したパスワード「mysql」を入力し, Enter キーを押下する.
3) MariaDB ユーザの作成・権限の付与・書き出しを行う.

```
MariaDB [(none)]> create user 'hit'@'localhost'
identified by 'hit';
MariaDB [(none)]> grant all privileges on *.* to
'hit'@'localhost';
MariaDB [(none)]> flush privileges;
MariaDB [(none)]> quit
```

(4) 一般ユーザでのログイン

ここでは, 先ほど設定した一般ユーザの「hit」でログインできるか確認する.

一般ユーザでのログイン

1) 一般ユーザで MariaDB にログインする.

```
mysql -u hit -p
```

2) 先ほど設定したパスワード「hit」を入力し, Enter キーを押下する.
3) ログインが確認できたら,「quit」で終了する.

(5) データベースの構造の決定

MariaDB を使用するためには, データベースとテーブルを定義する必要がある. 本システムでは, データベース名とテーブル名を表 10.3 のようにする. 各テーブルの構造を表 10.4 に示す.

表 10.3　データベース名とテーブル名

データベース名	テーブル名
THT	sensorList thData

表 10.4　テーブル構成

(a) センサリスト表（sensorList）

データ名	lid	id	name
データ型	int	char(8)	char(20)

(b) 環境データ表（thData）

データ名	date	lid	id	temp	hcount
データ型	timestamp	int	char(8)	double(5,1)	int

(6) データベースとテーブルの定義

MariaDB の hit ユーザでログインし，表 10.3 と表 10.4 で示したデータベースとテーブルを定義する．

データベースとテーブルの定義

1) hit ユーザで MariaDB にログインする．

```
mysql -u hit -p
```

パスワード「hit」を入力し，Enter キーを押下する．

2) データベースを作成する．

```
MariaDB [(none)]> create database THT;
```

3) 作成したデータベースへ移動する．プロンプトの表示が，移動したデータベースになることに注意しよう．

```
MariaDB [(none)]> use THT;
MariaDB [THT]>
```

4) テーブル「sensorList」を作成する．

```
MariaDB [THT]> create table sensorList(id char(8)
primary key, lid int, name char(20));
```

5) テーブルの確認は次のようにする．

```
MariaDB [THT]> desc sensorList;
+-------+----------+------+-----+---------+-------+
| Field | Type     | Null | Key | Default | Extra |
+-------+----------+------+-----+---------+-------+
| id    | char(8)  | NO   | PRI | NULL    |       |
| lid   | int(11)  | YES  |     | NULL    |       |
| name  | char(20) | YES  |     | NULL    |       |
+-------+----------+------+-----+---------+-------+
```

6）テーブルに値を入力する．下記の「810C3B31」は，使用する TWELITE-DIP に合わせよう．

```
MariaDB [THT]> insert into sensorList(id,lid,name)
  values("810C3B31",1,"N4-619 room");
```

7）入力内容を確認する．

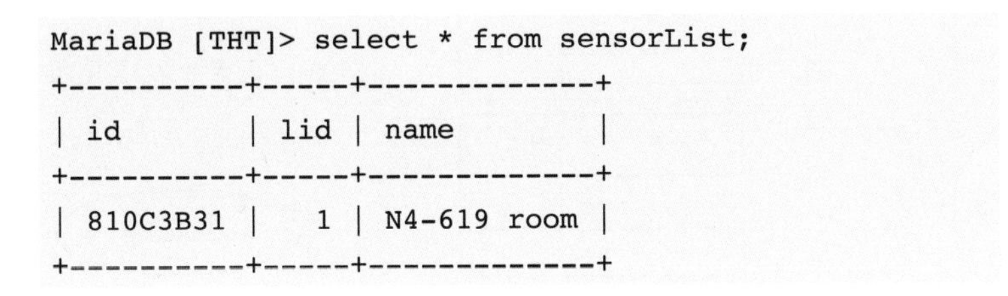

```
MariaDB [THT]> select * from sensorList;
+----------+-----+-------------+
| id       | lid | name        |
+----------+-----+-------------+
| 810C3B31 |   1 | N4-619 room |
+----------+-----+-------------+
```

8）同様に，テーブル「thDate」を作成する．値の入力は必要ない．

```
MariaDB [THT]> create table thData(date timestamp,
lid int, id char(8), temp double(5,1), hcount int,
foreign key(id) references sensorList(id));
```

9）テーブルを確認して終了する．

```
MariaDB [THT]> desc thData;
（出力結果は省略）
MariaDB [THT]> quit
```

10.2 PyMySQL のインストール

次に，Python から MariaDB を使用するために，PyMySQL をインストールする．

```
sudo pip3 install PyMySQL
```

インストールされると，以下のように表示される．以上で，準備が完了したのでプログラムの作成を開始する．

```
Successfully installed PyMySQL-0.9.3
```

10.3 テストデータ作成

テストデータ作成のフローチャートを図 10.3 に，プログラムをプログラム 10.1 に示す．現在の時間を取り出し，その時間までの温度と人感センサの反応回数を乱数により作成している．作成されたデータは，「receive.txt」に出力される．

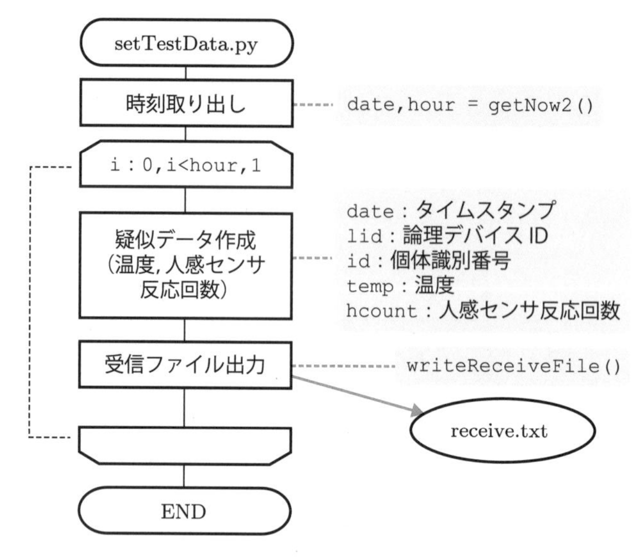

図 10.3　フローチャート（テストデータ作成）

プログラム 10.1　テストデータ作成プログラム（setTestData.py）

```
# setTestData.py    (p10-1)

from datetime import datetime  # datetime モジュールからの datetime 関数のインポート
from random import random      # random モジュールからの random 関数のインポート

def writeReceiveFile(fname,date,lid,id,temp,hcount):  # writeReceiveFile 関数
  f = open(fname,'a')
  s = date+","+str(lid)+","+id+","+str(temp)+","+str(hcount)+"\n"
  f.write(s)
  f.close()

def rand(min,max):  # rand 関数
  return (int)(random()*(max-min)+1)+min

def getNow2():  # getNow2 関数
  now  = datetime.now()
  yyyy = "{:%Y}".format(now)
  MM   = "{:%m}".format(now)
  dd   = "{:%d}".format(now)
  HH   = "{:%H}".format(now)
  date = yyyy+"/"+MM+"/"+dd
  hour = int(HH)
  return date,hour

def main():              # main 関数
  print("setTestData start")

  lid = "1"              # 論理デバイス ID
  id = "810C3B31"        # 個体識別番号
  fname = "receive.txt"
  f = open(fname,'w')  # receive.txt ファイルが存在しなければ作成
  f.close()
```

```
  date, hour = getNow2()
  for i in range(0,hour):
    date2 = date +" {:02d}".format(i)
    temp = rand(100,200)/10.0                          # 温度・疑似データ
    hcount = rand(0,30)                                # 人感センサ反応回数・疑似データ
    writeReceiveFile(fname,date2,lid,id,temp,hcount)   # 受信ファイルへ出力

if __name__ == "__main__":  # プログラムの起点
  main()
```

実行結果　python3 setTestData.py で実行する．テストデータ「receive.txt」が作成される．cat receive.txt でファイルの内容を確認できる．

10.4　データベースへのデータ挿入

データベースへのデータ挿入のフローチャートを図 10.4 に，プログラムをプログラム 10.2 に示す．現在の時間を取り出し，その時間までの温度と人感センサの反応回数を乱数により作成している．作成されたデータは，データベースに出力される．

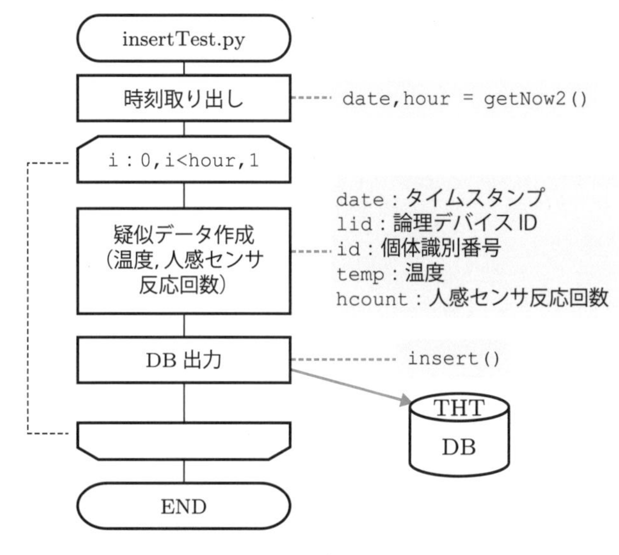

図 10.4　フローチャート（データベースへのデータ挿入）

プログラム 10.2　データベースへのデータ挿入テストプログラム（insertTest.py）

```
# insertTest.py    (p10-2)

from datetime import datetime  # datetime モジュールからの datetime 関数のインポート
from random import random      # random モジュールからの random 関数のインポート
import pymysql.cursors         # pymysql モジュールの cursors をインポート

def rand(min,max):  # rand 関数
  return (int)(random()*(max-min)+1)+min

def getNow2():  # getNow2 関数
  now  = datetime.now()
```

```
  yyyy = "{:%Y}".format(now)
  MM   = "{:%m}".format(now)
  dd   = "{:%d}".format(now)
  HH   = "{:%H}".format(now)
  date = yyyy+"/"+MM+"/"+dd
  hour = int(HH)
  return date,hour

def insert(date,lid,id,temp,hcount):          # insert 関数
  #print("<< insert start >>")
  connection = pymysql.connect(
    host='localhost',                         # ホスト名
    user='hit',                               # MariaDB ユーザ名
    password='hit',                           # パスワード
    db='THT',                                 # データベース名
    charset='utf8',                           # キャラクターセット
    cursorclass=pymysql.cursors.DictCursor)  # DB 接続

  with connection.cursor() as cursor:
    sql = "insert into thData(date,lid,id,temp,hcount)values(%s,%s,%s,%s,%s)"
    print(sql)
    r = cursor.execute(sql,(date,lid,id,temp,hcount))  # sql 実行
    connection.commit()                                 # コミットメント

  connection.close()  # 接続クローズ
  #print("<< inisert end >>")

def main():                 # main 関数
  print("----- insert_test start -----")
  lid = "1"                 # 論理デバイス ID
  id = "810C3B31"           # 個体識別番号
  date, hour = getNow2()  # 現在時刻取り出し

  for i in range(0,hour):
    date2 = date +" {:02d}".format(i)
    temp = rand(100,200)/10.0           # 温度・疑似データ
    hcount = rand(0,30)                 # 人感センサ反応回数・疑似データ
    insert(date2,lid,id,temp,hcount)  # データベースにデータ挿入

if __name__ == "__main__":  # プログラムの起点
  main()
```

実行結果　python3 insertTest.py で実行する．データベースにデータが挿入される．
hit ユーザで MariaDB にログインし，以下のように入力すると挿入されたデータが確認できる．

```
MariaDB [(note)]> use THT;
MariaDB [THT]> select * from thData;
```

10.5 データ保存

データ保存のフローチャートを図 10.5 に，プログラムをプログラム 10.3 に示す．データベースへのデータの保存は，毎時間の 58 分に実施することにする．これは，毎時間の 55 分に，「データ収集」機能により受信ファイル（receive.txt）が出力されるためである．

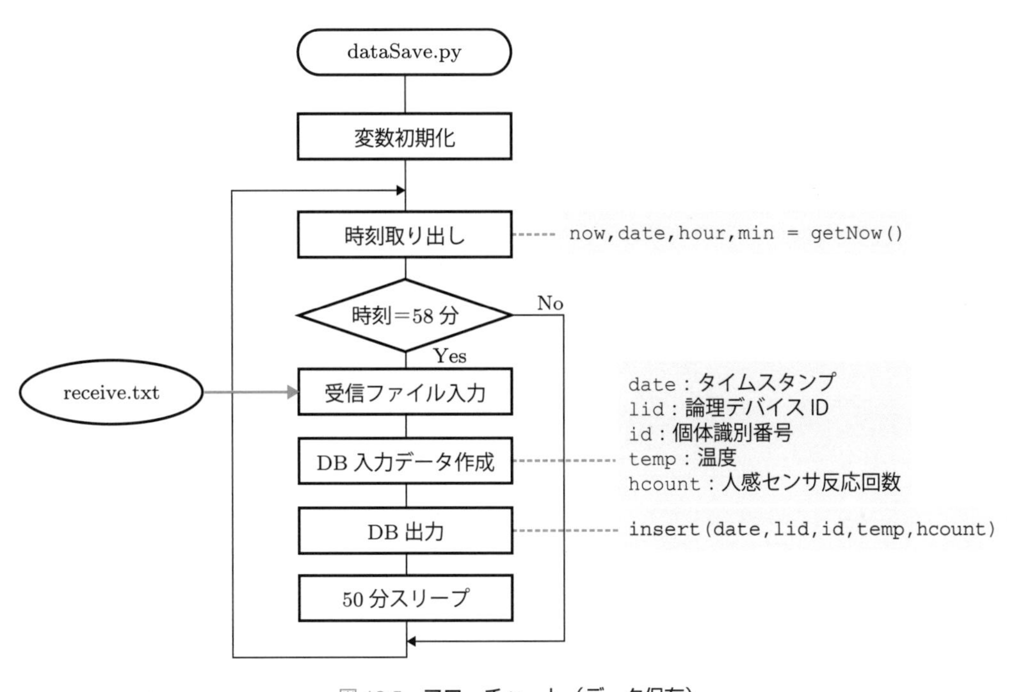

図 10.5　フローチャート（データ保存）

プログラム 10.3　データ保存プログラム（dataSave.py）

```
# dataSave.py     (p10-3)

import os                          # os モジュールのインポート
import time                        # time モジュールのインポート
from datetime import datetime      # datetime モジュールからの datetime 関数のインポート
import pymysql.cursors             # pymysql モジュールの cursors をインポート

#---------------------------------------------------------------------
def getNow():  # getNow 関数
  now = datetime.now()
  date = "{:%Y-%m-%d %H}".format(now)
  hour = now.hour
  min = now.minute
  return now,date,hour,min
#---------------------------------------------------------------------
def readFile(fname):  # readFile 関数
  #print("<< readFile start >>")
  try:
    f = open(fname,'r')
    lines = f.read().splitlines()
  except IOError as e: print(e)

  #print(lines)
  #print("<< readFile end >>")
  return lines
#---------------------------------------------------------------------
def insert(date,lid,id,temp,hcount):  # insert 関数
  #print("<< insert start >>")
  connection = pymysql.connect(
```

```
        host='localhost',
        user='hit',
        password='hit',
        db='THT',
        charset='utf8',
        cursorclass=pymysql.cursors.DictCursor)

    with connection.cursor() as cursor:
        sql = "insert into thData(date,lid,id,temp,hcount)values(%s,%s,%s,%s,%s)"
        print(sql)
        r = cursor.execute(sql,(date,lid,id,temp,hcount))
        connection.commit()

    connection.close()
    #print("<< inisert end >>")
#----------------------------------------------------------------------
def main():                   # main 関数
    print("dataSave start")
    inFile = "receive.txt"  # 入力ファイル名
    lines = [""]*24
    saveflag = 0              # データ保存フラグ・リセット

    while True:                          # 無限ループ
        now,date,hour,min = getNow()  # 現在時刻取り出し
        print(" {:%Y-%m-%d %H:%M:%S}".format(now),"¥r",end="")

        if min == 58 and saveflag == 0:
                                        # 58 分でデータ保存フラグ =0 であれば，以下の処理を実行
            print("##### readFile -> insert into DB  #####  ")
            #------------------------
            lines = readFile(inFile)  # 受信ファイルの読み込み
            #------------------------
            num = len(lines)          # 行数

            #print("num =",num)
            #print(lines)
            oneline = lines[num-1]  # 最終行取り出し
            #print("##### oneline = ",oneline)

            str = oneline.split(',')  # カンマ（,）で分割し，文字列配列作成
            print("##### str = ",str)
            date = str[0]             # 日時
            lid = str[1]              # 論理デバイス ID
            id = str[2]               # 個体識別番号
            temp = str[3]             # 温度
            hcount = str[4]           # 反応回数
            #---------------------------------------------------
            insert(date, lid, id, temp, hcount)  # データベースにデータ挿入
            #---------------------------------------------------
            saveflag = 1
        if min == 0: saveflag = 0

if __name__ == "__main__":  # プログラムの起点
    main()
```

実行結果　python3 dataSave.py で実行する．

確認は 58 分以降，`MariaDB` にて実施する．

演習問題　第 9 章の演習問題と同様の手順で，「環境データ監視システム」を複数の子機に対応できるようにシステムを拡張する方法を検討せよ．

CHAPTER

11 環境データ監視システム（データ表示）

本章では，第 9 章から開始した「環境データ監視システム」開発における，下記の（3）の内容を説明する．

（1）データ収集　（2）データ保存　（3）データ表示　（4）データ公開

図 11.1 に示すシステム構成の，網掛けの部分が本章の開発対象である．図 11.2 に，データ表示サブシステムのタスクファイル相関図を示す．グラフ表示と画面設計，およびデータベースからのデータ検索の動作確認を行った後，データ表示のプログラムを作成する．

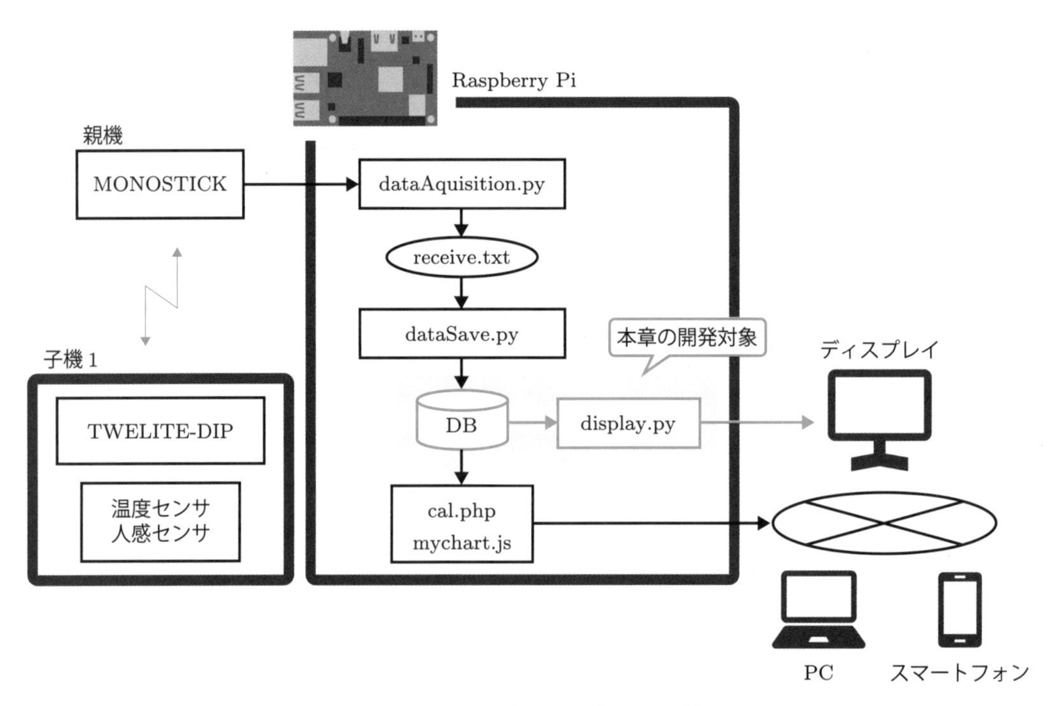

図 11.1　システム構成と本章の開発対象

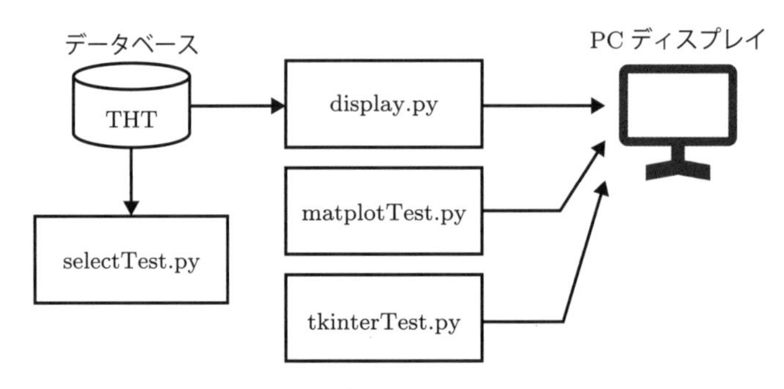

図 11.2　データ表示サブシステムのタスクファイル相関図

11.1 ksnapshot

レポートなどを作成するときにスクリーンショットを撮る場合がある．ここでは，Raspberry Piでスクリーンショットを撮るツールをインストールする．このようなツールはいろいろあるが，本実習ではGUIでの操作が可能であるksnapshotをインストールする．

ksnapshotのインストール

1）インストール可能なパッケージのリストを最新版に更新する．

```
sudo apt-get update
```

2）ksnapshotをインストールする．

```
sudo apt-get install -y ksnapshot
```

！ 10分程度の時間を要するので，気長に待とう．

ksnapshotの使用方法

1）ksnapshotを起動する．

```
ksnapshot
```

2）Capture ModeのAreaを「Active Window」とし，撮りたいウィンドウを選択して「Take a new Snapshot」ボタンをクリックする．

3）「Save As ...」ボタンをクリックし，名前を付けて保存する．

11.2 Matplotlib

Matplotlibは，PythonとNumPyモジュールのためのグラフ描画ライブラリである．オブジェクト指向のAPIを提供しており，様々な種類のグラフを描画する能力をもつ．まず，Raspberry PiへMatplotlibをインストールする．

Matplotlibのインストール

1）インストール可能なパッケージのリストを最新版に更新する．

```
sudo apt-get update
```

2）Matplotlibをインストールする．

```
sudo apt-get install -y python3-matplotlib
```

！ 5分程度の時間を要するので，気長に待とう．

3）Matplotlibのバージョンを表示するには，以下のように入力する．

```
python3 -c "import matplotlib as mpl;print(mpl.__version__)"
```

11.3 Tk と tkinter

(1) Tk と tkinter

Tk は汎用の GUI 作成ツールキットであり，ボタンやチェックボックスなどの GUI が簡単に作成できる．tkinter は，Tk を Python から利用するためのパッケージである．tkinter は，標準で Python に含まれているのでインストールは不要である．tkinter のバージョンは，以下のようにして調べることができる．

```
python3 -m tkinter
バージョンが記載されたポップアップが表示される.
python3 -c "import tkinter;print(tkinter.TkVersion)"
バージョンが表示される.
```

(2) tkinter の基本

tkinter は，root を最上位として GUI の部品であるウィジェット（widget）を階層構造となるように作成する．その作り方を以下に示す．

- Tk( ) で root 要素を作成する．
- 配置の枠組みを決める Frame や LabelFrame というウィジェットを root の下に配置する．これらは，ウィジェットをまとめるのに使う．
- ボタンなどのウィジェットを配置するには，そのウィジェットのメソッドとして定義されている pack，grid，place のいずれかの方法を用いる．
- pack は，ウィジェットを縦または横に 1 次元的に配列するときに使う．
- grid は，ウィジェットを 2 次元的に配置するときに使う．
- place は，pack や grid でうまく配置できないときに配置を直接指定したい場合に使う．

表 11.1 に，tkinter のおもなウィジェットを示す．

表 11.1　Tk のおもなウィジェット

ウィジェット名	クラス	説　明
フレーム	Frame	ウィジェットを格納する枠組みを作る．
ラベルフレーム	LabelFrame	Frame にラベルを付与したウィジェットをグループ化するコンテナ（部品を配置する入れ物）を表示する．
ラベル	Label	画面に文字を表示する．
ボタン	Button	ボタンを表示する．
リストボックス	Listbox	リストボックスを表示する．
キャンバス	Canvas	任意の図形が描けるキャンバスを表示する．
ラジオボタン	RadioButton	ラジオボタンを表示する．
チェックボックス	CheckButton	チェックボックスを表示する．
エントリー	Entry	テキストボックス（1 行の文字列を入力）を表示する．
テキスト	Text	テキスト（複数行の文字列を入力）を表示する．

11.4 Matplotlib の動作確認

プログラム 11.1 に，Matplotlib のテストプログラムを示す．ここでは，温度を折れ線グラフで，人感センサの反応回数を棒グラフで表示する．1 時間ごとに，温度を **y1** 軸，人感センサの反応回数を **y2** 軸として表示させる．関数 **rand()** は，テスト用の温度と人感センサの反応回数のデータを作成するために使用する．ここでは，1 日分の 24 個のテストデータを，乱数を用いて，温度は 10 〜 20℃，人感センサは 0 〜 30 回の範囲で作成している．

プログラム 11.1 Matplotlib テストプログラム（matplotTest.py）

```
# matplotTest.py      (p11-1)

import matplotlib.pyplot as plt   # matplotlib モジュールの pyplot を plt としてインポート
from random import random         # random モジュールから random 関数をインポート
#----------------------------------------------------------------------
def rand(min, max):  # rand 関数
  return (int)(random()*(max-min)+1)+min
#----------------------------------------------------------------------
def main():  # main 関数
  x=[0]*24    # 時間軸（x）
  for i in range(0,24): x[i]=i
  #print(x)

  y1=[0.0]*24  # 温度軸（y1）・・・疑似データ
  for i in range(0,24): y1[i]=rand(100,200)/10.0
  #print(y1)

  y2=[0]*24  # 反応回数軸（y2）・・・疑似データ
  for i in range(0,24): y2[i]=rand(0,30)
  #print(y2)

  fig, ax1 = plt.subplots()
  ax1.set_xlabel("Hour (H)")  # 横軸ラベル

  ax1.set_ylabel("Temperature (deg)", color="blue")  # 縦軸 1（温度）
  ax1.set_ylim(-5, 25)                               # 最小・最大
  ax1.plot(x,y1,color="blue", marker="o")            # 色（青）とマーカ

  ax2 = ax1.twinx()
  ax2.set_ylabel("Human detected", color="red")  # 縦軸 2（反応回数）
  ax2.set_ylim(0, 65)                            # 最小・最大
  ax2.bar(x,y2,color="red")                      # 色（赤）

  plt.grid()  # 格子
  plt.show()  # 表示

if __name__ == "__main__":  # プログラムの起点
  main()
```

実行結果　**python3 matplotTest.py** で実行する．図 11.3 のようにグラフが表示される．

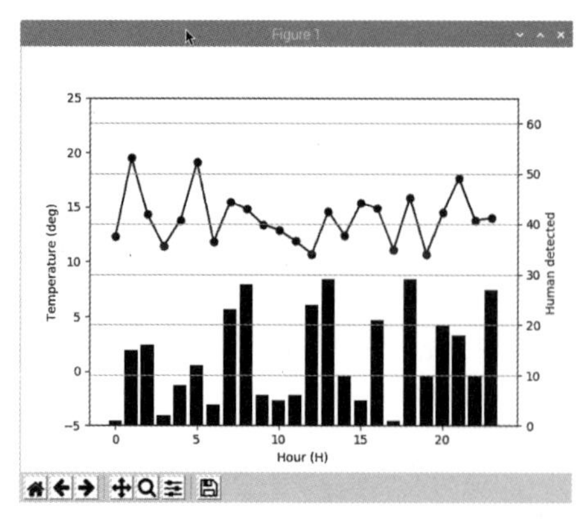

図 11.3　実行結果

11.5 tkinter の動作確認

(1) 画面設計

画面設計はユーザ側からの開発システムの評価に直結する部分である．ここでは，第 9 章で示されているシステム仕様⑤を満足するように設計する必要がある．仕様では，「1 時間ごとに 1 日の温度と人感センサの反応回数を表示させる．また，過去データも表示させる」となっている．したがって，横軸を 1 日 24 時間，縦軸を温度と人感センサ反応回数の二つの軸とする．そして，過去データを表示させるために，コンボボックスを用いて，年・月・日を設定し，ボタン押下で表示させることにする．

図 11.4 に画面設計の例を示す．

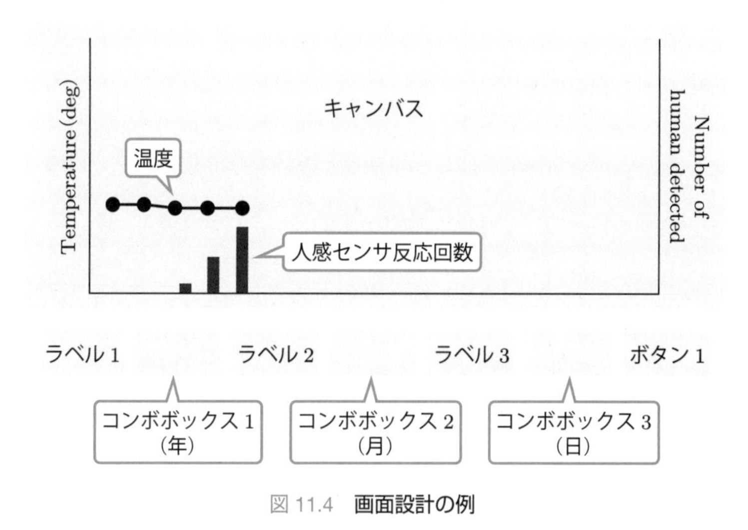

図 11.4　画面設計の例

(2) tkinter のテストプログラム

プログラム 11.2 に tkinter のテストプログラムを示す．先ほど matplotTest.py で作成したグラフを，tkinter のキャンバスに出力する．使用しているウィジェットは，「ラベルフレーム」,「キャンバス」,「ラベル」,「コンボボックス」, そして「ボタン」である. 関数 rand() は, テスト用の温度と人感センサの反応回数のデータを作成するために使用する. 関数 make_graph() は, ボタン押下時に呼び出され, 新しいデータを作成してグラフを表示する.

プログラム 11.2　tkinter テストプログラム (tkinterTest.py)

```
# tkinterTest.py      (p11-2)

import tkinter as tk                # tkinter モジュールを tk としてインポート
import tkinter.ttk as ttk           # tkinter の ttk を ttk としてインポート
import matplotlib.pyplot as plt     # matplotlib モジュールの pyplot を plt としてインポート
from matplotlib.backends.backend_tkagg import (
    FigureCanvasTkAgg, NavigationToolbar2Tk)
                                  # FigureCanvasTkAgg と NavigationToolbar2Tk のインポート
from random import random           # random モジュールから random 関数をインポート
from datetime import datetime       # datetime モジュールから datetime 関数のインポート
from functools import partial       # functools モジュールから partial のインポート

def rand(min,max):  # rand 関数
  return (int)(random()*(max-min)+1)+min

def make_graph():                  # make_graph 関数
  print("cb1=",cb1.get()," ",end="")
  print("cb2=",cb2.get()," ",end="")
  print("cb3=",cb3.get())
  for i in range(0,24): x[i]=i  # 横軸データ作成
  #------------------------------------------------
  for i in range(0,24): y1[i] = rand(100,200)/10.0  # 縦軸 1 データ作成
  for i in range(0,24): y2[i] = rand(0,20)          # 縦軸 2 データ作成
  #------------------------------------------------

  ax1.cla()
  ax1.set_xlabel('Hour (H)')                  # 横軸ラベル
  ax1.set_ylabel('Temperature (deg)')         # 縦軸 1 ラベル
  ax1.set_ylim(-5,25)                         # 最大・最小
  ax1.plot(x,y1,color="blue",marker="o")      # 表示 (折れ線グラフ), 色 (青) とマーカ

  ax2 = ax1.twinx()                                        # 縦軸 2 ラベル
  ax2.cla()
  ax2.set_ylabel('Human detected (number)',color="red")    # 縦軸 2 ラベル
  ax2.set_ylim(0,65)                                       # 最大・最小
  ax2.bar(x,y2,color="red")                                # 表示 (棒グラフ)

  canvas.draw()  # キャンバスに表示

#------------------------------------------------------------
x = [0]*24
for i in range(0,24): x[i]=i  # 時間軸 (x)
y1 = [0.0]*24                 # 温度軸 (y1)・・・疑似データ
for i in range(0,24): y1[i] = rand(100,200)/10.0
y2 = [0.0]*24                 # 反応回数軸 (y2)・・・疑似データ
for i in range(0,24): y2[i] = rand(0,30)

root = tk.Tk()              # Tk のインスタンス化
```

```
root.title("TEST")          # ウィンドウのラベル
root.geometry("650x580")  # ウィンドウのサイズ

frame1 = tk.LabelFrame(root,labelanchor="nw",
  text="Temperture & Human Sensor",foreground="green")  # フレーム 1
frame1.grid(rowspan=2,column=0)

frame2=tk.LabelFrame(root,text="Control", foreground="red")  # フレーム 2
frame2.grid(row=2,column=0,sticky="nwse")

fig = plt.Figure()
ax1 = fig.add_subplot(111)
ax1.plot(x,y1)                           # 温度の折れ線グラフ
ax1.set_xlabel('Hour (H)')               # 時間軸ラベル
ax1.set_ylabel('Temperature (deg)')  # 温度軸ラベル
ax1.set_ylim(-5,25)                      # 温度軸（最小 , 最大）

ax2 = ax1.twinx()
ax2.bar(x,y2,color="red")                                   # 反応回数の棒グラフ
ax2.set_ylabel('Human detected (number)',color="red")  # 反応回数のラベル
ax2.set_ylim(0,65)                                            # 反応回数軸（最小 , 最大）

canvas = FigureCanvasTkAgg(fig, master=frame1)  # キャンバスのインスタンス化
canvas.draw()
canvas.get_tk_widget().pack(side=tk.TOP, fill=tk.BOTH, expand=1)

now = datetime.now()  # 現在時刻取り出し
date = "{:%Y-%m-%d}".format(now)
month = now.month      # 月
day = now.day          # 日

years = ["2020","2021","2022","2023","2024","2025"]

months = [1]*12
for i in range(0,12) : months[i]=i+1
days = [1]*31
for i in range(0,31) : days[i]=i+1

lb1 = tk.Label(frame2, text="year:",bg="cyan")  # ラベル 1（lb1）
cb1 = ttk.Combobox(frame2, values=years,width=6,justify=tk.CENTER)
cb1.current(0)                                          # コンボボックス（cb1）

lb2 = tk.Label(frame2, text="month:",bg="cyan")  # ラベル 2（lb2）
cb2 = ttk.Combobox(frame2, values = months,width=6,justify=tk.CENTER)
cb2.current(month-1)                                    # コンボボックス（cb2）

lb3 = tk.Label(frame2, text="day:",bg="cyan")  # ラベル 3（lb3）
cb3 = ttk.Combobox(frame2, values = days,width=6,justify=tk.CENTER)
cb3.current(day-1)                                    # コンボボックス（cb3）

y = cb1.current()                       # 年
m = cb2.current()                       # 月
d = cb3.current()                       # 日
selected_date = str(years[y])+"-"+str(months[m])+"-"+str(days[d])
print("selected_date=",selected_date)  # 選択年月日
```

```
print("cb1=",cb1.get()," ",end="")  # コンボボックス (cb1)
print("cb2=",cb2.get()," ",end="")  # コンボボックス (cb2)
print("cb3=",cb3.get())             # コンボボックス (cb3)

bt1 = tk.Button(frame2, text="Display", bg="yellow",command=make_graph)
                                                        # ボタン (bt1)

lb1.grid(row=1,column=0 ,padx=5,pady=5)  # 1行0列に lb1 をセット
cb1.grid(row=1,column=1 ,padx=5,pady=5)  # 1行1列に cb1 をセット
lb2.grid(row=1,column=2 ,padx=5,pady=5)  # 1行2列に lb2 をセット
cb2.grid(row=1,column=3 ,padx=5,pady=5)  # 1行3列に cb2 をセット
lb3.grid(row=1,column=4 ,padx=5,pady=5)  # 1行4列に lb3 をセット
cb3.grid(row=1,column=5 ,padx=5,pady=5)  # 1行5列に cb3 をセット
bt1.grid(row=1,column=6 ,padx=5,pady=5)  # 1行6列に bt1 をセット

make_graph()  # make_graph 関数

root.mainloop()  # mainloop で GUI 表示
```

実行結果　`python3 tkinterTest.py` で実行する．図 11.5 のように設計画面が表示される．
日時はコンボボックスで変更される．また，「`Display`」ボタンクリックで表示データが更新される．

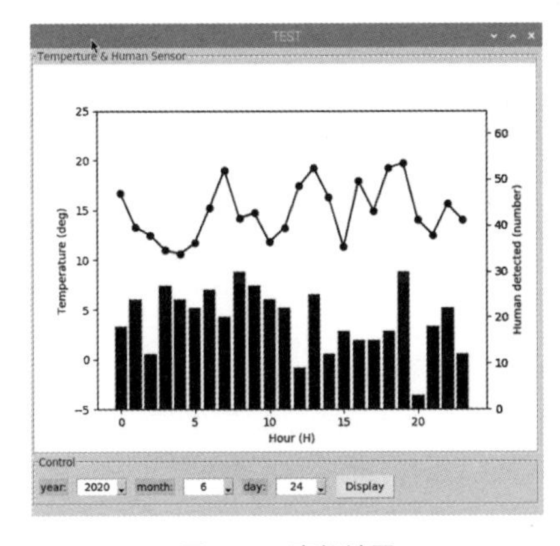

図 11.5　実行結果

11.6 データベースからのデータ検索テスト

データベースからのデータ検索テストのフローチャートを図 11.6 に，プログラムをプログラム 11.3 に示す．

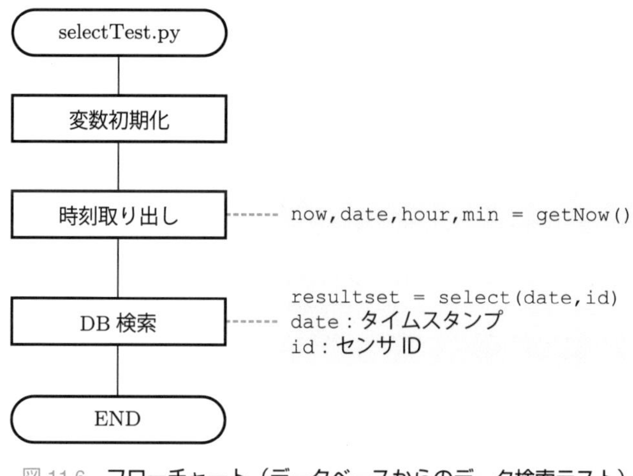

図 11.6　フローチャート（データベースからのデータ検索テスト）

プログラム 11.3　データ検索テストプログラム（selectTest.py）

```
# selectTest.py      (p11-3)

from datetime import datetime   # datetime モジュールから datetime 関数のインポート
from random import random       # random モジュールから random 関数をインポート
import pymysql.cursors          # pymysql モジュールの cursors をインポート

#---------------------------------------------------------------------
def getYMD():  # getYMD 関数
  now = datetime.now()
  yyyy = "{:%Y}".format(now)
  MM = "{:%m}".format(now)
  dd = "{:%d}".format(now)
  return yyyy,MM,dd
#---------------------------------------------------------------------
def select(yyyy,MM,dd,lid):  # select 関数

  connection = pymysql.connect(
    host='localhost',
    user='hit',
    password='hit',
    db='THT',
    charset='utf8',
    cursorclass=pymysql.cursors.DictCursor)

  with connection.cursor() as cursor:
    FROM = yyyy+"-"+MM+"-"+dd+" 00:00:00"
    TO   = yyyy+"-"+MM+"-"+dd+" 23:00:00"
    sql = "select * from thData where lid='"+str(lid)+"' and date>='"+FROM+"'
and date<='"+TO+"'"
    print("sql=",sql)

    cursor.execute(sql)
    results = cursor.fetchall()
    #for r in results:  print(r)
  return results
#---------------------------------------------------------------------
```

```
def getSensorList():  # getSensorList 関数
  connection = pymysql.connect(
    host='localhost',
    user='hit',
    password='hit',
    db='THT',
    charset='utf8',
    cursorclass=pymysql.cursors.DictCursor)

  with connection.cursor() as cursor:
    sql = "select lid,id,name from  sensorList"
    print("sql=",sql)

    cursor.execute(sql)
    results = cursor.fetchall()
    #for r in results:  print(r)
  return results
#--------------------------------------------------------------------
def main():  # main 関数
  print("selectTest start")

  lid = 1  # 調理デバイス ID

  yyyy,MM,dd = getYMD()  # 年月日取り出し
  date = yyyy+"/"+MM+"/"+dd

  #-----------------------------------
  results = select(yyyy,MM,dd,lid)  # データベースからデータを取り出し
  #-----------------------------------
  #for r in results:  print(r)
  print("len(results)=",len(results))
  for i in range(len(results)):  # 取り出したデータを表示
    print(i," ",results[i].get('temp')," ",results[i].get('hcount'))

  #-----------------------------------
  slists = getSensorList()  # データベースからセンサリストの取り出し
  #-----------------------------------
  #for s in slists:  print(s)
  print("len(slists)=",len(slists))
  for i in range(len(slists)):  # 取り出したセンサリストを表示
    print(i," ",slists[i].get('lid')," ",slists[i].get('name'))

if __name__ == "__main__":  # プログラムの起点
  main()
```

実行結果　python3 selectTest.py で実行する．以下のようにデータベースの内容が表示される．

```
selectTest start
sql= select * from thData where lid=1 and date>='20200228000000'
len(results)= 10
0   14.0   27
1   17.6   25
2   14.8   9
3   12.9   3
4   17.8   20
5   14.2   28
6   20.0   5
```

```
7   18.5   16
8   18.3   16
9   19.5   17
sql= select lid,id,name from sensorList
len(slists)= 1
0   1   N4-619 room
```

11.7 データ表示

データ表示のフローチャートを図 11.7 に，プログラムをプログラム 11.4 に示す．

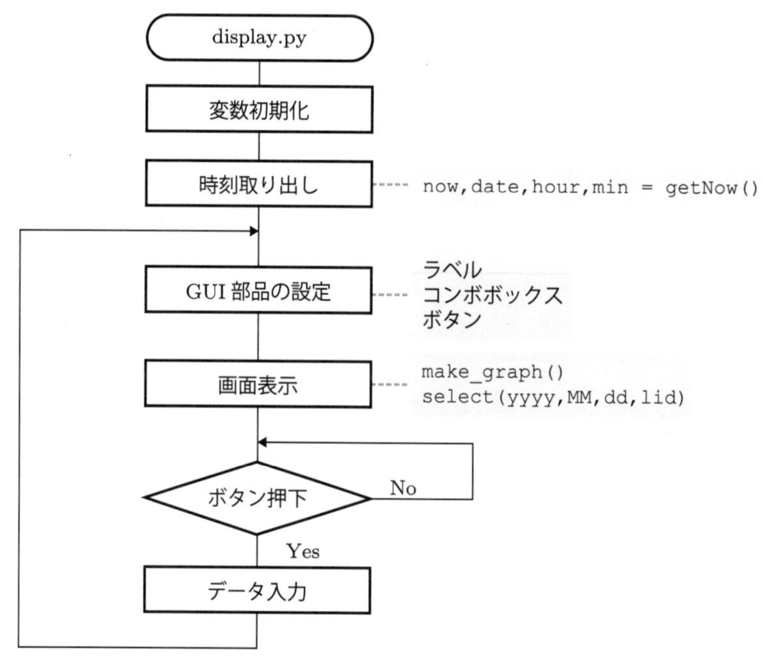

図 11.7　フローチャート（データ表示）

プログラム 11.4　データ表示プログラム（display.py）

```
# display.py     (p11-4)

import tkinter as tk               # tkinter モジュールを tk としてインポート
import tkinter.ttk as ttk          # tkinter の ttk を ttk としてインポート
import matplotlib.pyplot as plt  # matplotlib モジュールの pyplot を plt としてインポート
from matplotlib.backends.backend_tkagg import (
    FigureCanvasTkAgg, NavigationToolbar2Tk)
                                 # FigureCanvasTkAgg と NavigationToolbar2Tk のインポート

from random import random        # random モジュールから random 関数をインポート
from datetime import datetime    # datetime モジュールから datetime 関数のインポート
from functools import partial    # functools モジュールから partial のインポート
import pymysql.cursors           # pymysql モジュールの cursors をインポート

#----------------------------------------------------------------------
```

```
def select(yyyy,MM,dd,id):                          # select 関数
  connection = pymysql.connect(
    host='localhost',                               # ホスト名
    user='hit',                                     # MariaDB ユーザ名
    password='hit',,                                # パスワード
    db='THT',                                       # データベース名
    charset='utf8',                                 # キャラクターセット
    cursorclass=pymysql.cursors.DictCursor)         # DB 接続

  with connection.cursor() as cursor:
    FROM = yyyy+"-"+MM+"-"+dd+" 00:00:00"
    TO   = yyyy+"-"+MM+"-"+dd+" 23:00:00"
    sql = "select * from thData
      where id='"+id+"' and date>='"+FROM+"' and date<='"+TO+"'"
    print("sql=",sql)

    cursor.execute(sql)           # sql 実行
    results = cursor.fetchall()   # 結果取り出し
    #for r in results:  print(r)
  return results
#--------------------------------------------------------------------
def make_graph():            # make_graph 関数
  #print("<< make_graph start >>")
  x  = [0]*24
  y1 = [None]*24
  y2 = [0]*24
  yyyy = cb1.get()
  m = int(cb2.get())
  d = int(cb3.get())
  MM = "{:02d}".format(m)  # 月
  dd = "{:02d}".format(d)  # 日
  id = "810C3B31"          # センサ ID

  #print("yyyy=",yyyy," ",type(yyyy))
  #print("MM=",MM," ",type(MM))
  #print("dd=",dd," ",type(dd))

  #--------------------------------
  results = select(yyyy,MM,dd,id)  # データベースからデータ取り出し
  #--------------------------------
  for i in range(0,24): x[i]=i
  num = len(results)
  print("num=",num)
  if num == 0:  y1 = [None]*24

  for i in range(num):
    if i > 23: break

    temp = results[i].get('temp')       # 温度（temp）
    hcount = results[i].get('hcount')  # 反応回数（hcount）
    print(i," ",temp," ",hcount)
    y1[i] = temp
    y2[i] = hcount

  ax1.cla()
  ax1.set_xlabel('Hour (H)')                     # 横軸ラベル
```

```
    ax1.set_ylabel('Temperature (deg)')      # 縦軸 1 ラベル
    ax1.set_ylim(-5,25)                      # 最大・最小
    ax1.plot(x,y1,color="blue",marker="o")   # 表示（折れ線グラフ）

    ax2.cla()
    ax2.set_ylabel('Human detected (number)',color="red")  # 縦軸 2 ラベル
    ax2.set_ylim(0,65)                                     # 最大・最小
    ax2.bar(x,y2,color="red")                              # 表示（棒グラフ）

    canvas.draw()  # キャンバスに表示
    #print("<< make_graph end >>")

#-----------------------------------------------------------------
x  = [0]*24      # 時間軸データ（x）
y1 = [None]*24   # 温度軸データ（y1）
y2 = [0]*24      # 反応回数軸データ（y2）

root = tk.Tk()              # Tk のインスタンス化
root.title("TEST")          # ウィンドウのラベル
root.geometry("650x580")    # ウィンドウのサイズ

frame1 = tk.LabelFrame(
root,labelanchor="nw",
  text="Temperture & Human Sensor",foreground="green")  # フレーム 1
frame1.grid(rowspan=2,column=0)

frame2=tk.LabelFrame(root,text="Control", foreground="red")  # フレーム 2
frame2.grid(row=2,column=0,sticky="nwse")

fig = plt.Figure()
ax1 = fig.add_subplot(111)

ax1.plot(x,y1)                        # 温度の折れ線グラフ
ax1.set_xlabel('Hour (H)')            # 時間軸ラベル
ax1.set_ylabel('Temperature (deg)')   # 温度軸ラベル
ax1.set_ylim(-5,25)                   # 温度軸（最小・最大）

ax2 = ax1.twinx()
ax2.bar(x,y2,color="red")                              # 反応回数の棒グラフ
ax2.set_ylabel('Human detected (number)',color="red")  # 反応回数のラベル
ax2.set_ylim(0,65)                                     # 反応回数軸（最小・最大）

canvas = FigureCanvasTkAgg(fig, master=frame1)  # キャンバスのインスタンス化
canvas.get_tk_widget().pack(side=tk.TOP, fill=tk.BOTH, expand=1)

now = datetime.now()  # 現在時刻取り出し
date = "{:%Y-%m-%d}".format(now)
month = now.month      # 月
day = now.day          # 日

years = ["2020","2021","2022","2023","2024","2025"]  # 年（コンボボックス）

months = [1]*12
for i in range(0,12) : months[i]=i+1  # 月（コンボボックス）
days = [1]*31
for i in range(0,31) : days[i]=i+1    # 日（コンボボックス）
```

```
lb1 = tk.Label(frame2, text="year:",bg="cyan")  # ラベル 1 (lb1)
cb1 = ttk.Combobox(frame2, values=years,width=6,justify=tk.CENTER)
cb1.current(0)                                  # コンボボックス (cb1)

lb2 = tk.Label(frame2, text="month:",bg="cyan")  # ラベル 2 (lb2)
cb2 = ttk.Combobox(frame2, values = months,width=6,justify=tk.CENTER)
cb2.current(month-1)                             # コンボボックス (cb2)

lb3 = tk.Label(frame2, text="day:",bg="cyan")  # ラベル 3 (lb3)
cb3 = ttk.Combobox(frame2, values = days,width=6,justify=tk.CENTER)
cb3.current(day-1)                             # コンボボックス (cb3)

y = cb1.current()                     # 年
m = cb2.current()                     # 月
d = cb3.current()                     # 日
selected_date = str(years[y])+"-"+str(months[m])+"-"+str(days[d])
print("selected_date=",selected_date)  # 選択年月日

print("cb1=",cb1.get()," ",end="")  # コンボボックス (cb1)
print("cb2=",cb2.get()," ",end="")  # コンボボックス (cb2)
print("cb3=",cb3.get())             # コンボボックス (cb3)

bt1 = tk.Button(frame2, text="Display", bg="yellow",command=make_graph)
                                                              # ボタン (bt1)

lb1.grid(row=1,column=0 ,padx=5,pady=5)  # 1 行 0 列に lb1 をセット
cb1.grid(row=1,column=1 ,padx=5,pady=5)  # 1 行 1 列に cb1 をセット
lb2.grid(row=1,column=2 ,padx=5,pady=5)  # 1 行 2 列に lb2 をセット
cb2.grid(row=1,column=3 ,padx=5,pady=5)  # 1 行 3 列に cb2 をセット
lb3.grid(row=1,column=4 ,padx=5,pady=5)  # 1 行 4 列に lb3 をセット
cb3.grid(row=1,column=5 ,padx=5,pady=5)  # 1 行 5 列に cb3 をセット
bt1.grid(row=1,column=6 ,padx=5,pady=5)  # 1 行 6 列に bt1 をセット

make_graph()  # make_graph 関数

root.mainloop()  # mainloop で GUI 表示
```

実行結果　python3 display.py で実行する．図 11.8 のようにデータが表示される．

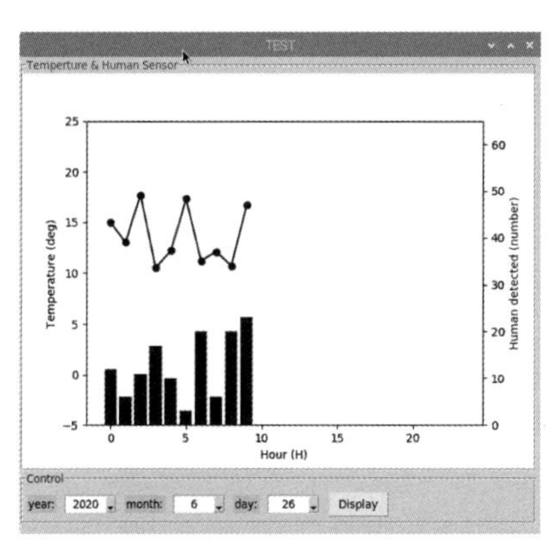

図 11.8　実行結果

演習問題　第 9，10 章の演習問題と同様の手順で，「環境データ監視システム」を複数の子機に対応できるようにシステムを拡張する方法を検討せよ．

CHAPTER 12 環境データ監視システム（データ公開）

本章では，第9章から開始した「環境データ監視システム」開発における，下記の（4）の内容を説明する．

（1）データ収集　（2）データ保存　（3）データ表示　（4）データ公開

図12.1に示すシステム構成の，網掛けの部分が本章の開発対象である．

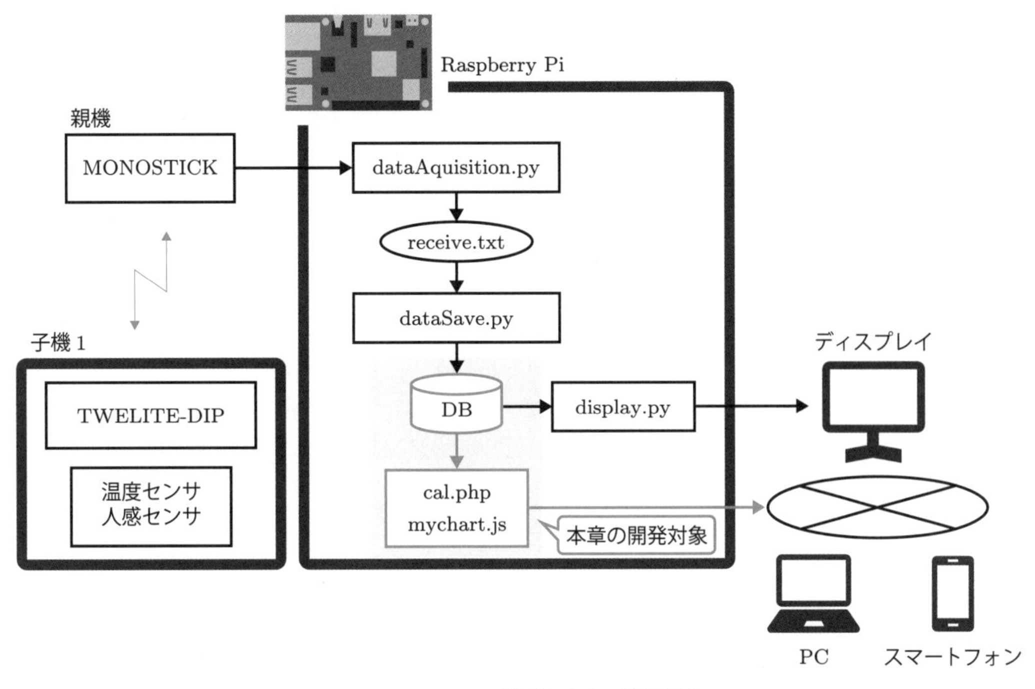

図12.1　システム構成と本章の開発対象

12.1 Apache と PHP

（1）Apache と PHP のインストール

実用的なWebサーバを構築するために，ApacheとPHPをインストールする．Apacheは正式には，Apache HTP Serverとよばれ，Apache Software Foundation（Apacheソフトウェア財団）が開発しているオープンソースソフトウェアである．PHPは，Web開発でよく使用されるスクリプト言語であり，サーバーサイドで動的なWebページ作成するための機能を多く備えている．PHPはサーバーサイドでコードを実行するので，クライアントサイドはその結果のみを受け取るだけである．したがって，その結果がどのようなコードで導き出されたのかは知ることができない．

Apache と PHP のインストールの手順を以下に示す．

Apache と PHP のインストール

1）インストール可能なパッケージのリストを更新し，インストール済みパッケージをアップグレードする．

```
sudo apt-get update
sudo apt-get upgrade  -y
```

！ 30分程度の時間を要するので，気長に待とう．

2）Apache をインストールする．

```
sudo apt-get install -y apache2
```

3）Apache のバージョン確認は，以下のようにすればよい．

```
apache2 -v
```

4）PHP をインストールする．

```
sudo apt-get install -y php php-common
```

5）PHP Extension をインストールする．

```
sudo apt-get install –y php-cli php-fpm php-json
sudo apt-get install –y php-mysql php-zip php-gd
sudo apt-get install -y php-curl php-xml php-pear
php-bcmath
```

6）PHP のバージョン確認は，以下のようにすればよい．

```
php -v
```

(2) Apache と PHP の動作確認

インストールが完了したら，動作確認をしておこう．以下の手順で確認する．

Apache2 の動作確認

1）ツールバーの地球のアイコンをクリックして，ブラウザを起動する（または，ラズベリーのアイコンをクリックし，「インターネット」から起動する）．

！ ブラウザの起動には時間を要するので，気長に待とう．

2）ブラウザが立ち上がったら下記の URL を入力して，Enter キーを押下する．

```
http://localhost
```

3）図 12.2 の画面が表示されると，Apache2 は動作している．画面に記載されているように，このページは「/var/www/html/index.html」を表示しているものである．

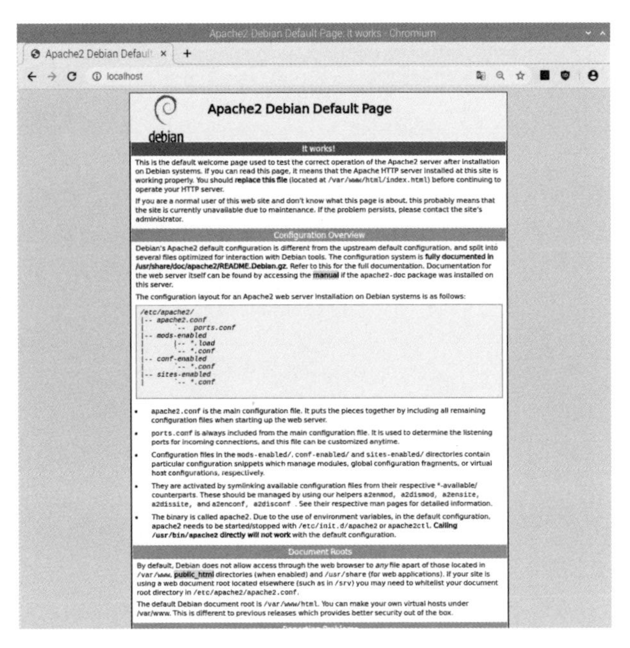

図 12.2　Apache2 の動作確認

4）ファイルの確認を行う．

```
cd /var/www/html/
ls -al
    -rw-r--r--  root root index.html
```

PHP の動作確認

1）動作確認用 PHP ファイル phpinfo.php を作成する．

```
cd /var/www/html/
sudo vi phpinfo.php
```

2）エディタに下記の 3 行を入力する．

```
<?php
    phpinfo();
?>
```

3）ブラウザを立ち上げ，下記の URL を入力する．

```
http://localhost/phpinfo.php
```

4）図 12.3 の画面（抜粋）が表示されると PHP は動作している．画面をスクロールすると，図 12.4 のように「Apache Environment」の「DOCUMENT_ROOT」に「/var/www/html」との表示がある．

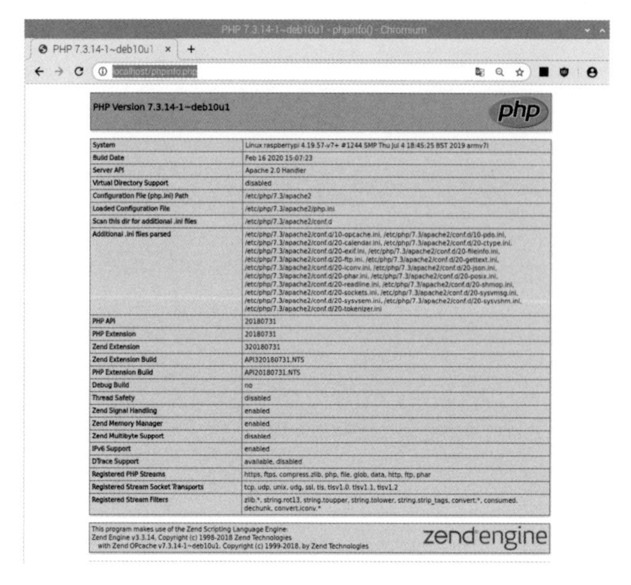

PHP 7.3.14-1~deb10u1 - phpinfo() - Chromium

localhost/phpinfo.php

PHP Version 7.3.14-1~deb10u1

System	Linux raspberrypi 4.19.57-v7+ #1244 SMP Thu Jul 4 18:45:25 BST 2019 armv7l
Build Date	Feb 16 2020 15:07:23
Server API	Apache 2.0 Handler
Virtual Directory Support	disabled
Configuration File (php.ini) Path	/etc/php/7.3/apache2
Loaded Configuration File	/etc/php/7.3/apache2/php.ini
Scan this dir for additional .ini files	/etc/php/7.3/apache2/conf.d
Additional .ini files parsed	/etc/php/7.3/apache2/conf.d/10-opcache.ini, /etc/php/7.3/apache2/conf.d/10-pdo.ini, /etc/php/7.3/apache2/conf.d/20-calendar.ini, /etc/php/7.3/apache2/conf.d/20-ctype.ini, /etc/php/7.3/apache2/conf.d/20-exif.ini, /etc/php/7.3/apache2/conf.d/20-fileinfo.ini, /etc/php/7.3/apache2/conf.d/20-ftp.ini, /etc/php/7.3/apache2/conf.d/20-gettext.ini, /etc/php/7.3/apache2/conf.d/20-iconv.ini, /etc/php/7.3/apache2/conf.d/20-json.ini, /etc/php/7.3/apache2/conf.d/20-phar.ini, /etc/php/7.3/apache2/conf.d/20-posix.ini, /etc/php/7.3/apache2/conf.d/20-readline.ini, /etc/php/7.3/apache2/conf.d/20-shmop.ini, /etc/php/7.3/apache2/conf.d/20-sockets.ini, /etc/php/7.3/apache2/conf.d/20-sysvmsg.ini, /etc/php/7.3/apache2/conf.d/20-sysvsem.ini, /etc/php/7.3/apache2/conf.d/20-sysvshm.ini, /etc/php/7.3/apache2/conf.d/20-tokenizer.ini
PHP API	20180731
PHP Extension	20180731
Zend Extension	320180731
Zend Extension Build	API320180731,NTS
PHP Extension Build	API20180731,NTS
Debug Build	no
Thread Safety	disabled
Zend Signal Handling	enabled
Zend Memory Manager	enabled
Zend Multibyte Support	disabled
IPv6 Support	enabled
DTrace Support	available, disabled
Registered PHP Streams	https, ftps, compress.zlib, php, file, glob, data, http, ftp, phar
Registered Stream Socket Transports	tcp, udp, unix, udg, ssl, tls, tlsv1.0, tlsv1.1, tlsv1.2
Registered Stream Filters	zlib.*, string.rot13, string.toupper, string.tolower, string.strip_tags, convert.*, consumed, dechunk, convert.iconv.*

This program makes use of the Zend Scripting Language Engine:
Zend Engine v3.3.14, Copyright (c) 1998-2018 Zend Technologies
with Zend OPcache v7.3.14-1~deb10u1, Copyright (c) 1999-2018, by Zend Technologies

図 12.3　PHP の動作確認

PHP 7.3.14-1~deb10u1 - phpinfo() - Ch

localhost/phpinfo.php

Apache Environment

Variable	
HTTP_HOST	localhost
HTTP_CONNECTION	keep-alive
HTTP_UPGRADE_INSECURE_REQUESTS	1
HTTP_USER_AGENT	Mozilla/5.0 (X11; Linux armv7l) AppleWebKit/53 Chromium/74.0.3729.157 Chrome/74.0.3729.1
HTTP_ACCEPT	text/html,application/xhtml+xml,application/xr cation/signed-exchange;v=b3
HTTP_ACCEPT_ENCODING	gzip, deflate, br
HTTP_ACCEPT_LANGUAGE	ja,en-US;q=0.9,en;q=0.8
PATH	/usr/local/sbin:/usr/local/bin:/usr/sbin:/usr/bin:/
SERVER_SIGNATURE	<address>Apache/2.4.38 (Raspbian) Server at
SERVER_SOFTWARE	Apache/2.4.38 (Raspbian)
SERVER_NAME	localhost
SERVER_ADDR	::1
SERVER_PORT	80
REMOTE_ADDR	::1
DOCUMENT_ROOT	/var/www/html
REQUEST_SCHEME	http
CONTEXT_PREFIX	no value
CONTEXT_DOCUMENT_ROOT	/var/www/html

Document Root

図 12.4　Document Root の表示

5）Document Root を確認する．

```
cd /var/www/html/
ls -al
    -rw-r--r--  root root index.html
    -rw-r--r--  root root phpinfo.php
```

Document Root の移動

1) 上記のように，Document Root のファイルの所有者が root となっている．今後のシステム開発のために，Document Root を一般ユーザ（今回は pi ユーザ）の管理下に置くことにする．
2) 最終的に開発システムのディレクトリをホームディレクトリの直下の APP とする．したがって，Document Root を置くディレクトリを APP 直下の html とする．

```
cd
mkdir APP
cd APP
mkdir html
cd html
cp /var/www/html/* .
```

3) 確認すると，確かにファイルの所有者が pi となっている．

```
ls -al
    -rw-r--r--  pi pi index.html
    -rw-r--r--  pi pi phpinfo.php
```

Apache2 のシステムファイルの修正

1) Document Root を変更するために，ファイル「000-default.conf」と「apache2.conf」の修正を行う．修正に先立って，オリジナルファイルのコピーを「.ORG」で保存しておく．
2) ファイル「000-default.conf」をコピーした後，エディタで開く．

```
cd /etc/apache2/sites-available
sudo cp 000-default.conf 000-default.conf.ORG
sudo vi /etc/apache2/sites-available/000-default.conf
```

3) 12 行目「DocumentRoot /home/www/html」を「DocumentRoot /home/pi/APP/html」に変更する．
4) ファイル「apache2.conf」をコピーした後，エディタで開く．

```
cd /etc/apache2
sudo cp apache2.conf apache2.conf.ORG
sudo vi /etc/apache2/apache2.conf
```

5) 170 行目「<Directory /var/www/>」を「<Directory /home/pi/APP/html>」に変更する．
6) Apache2 を再起動する．

```
sudo service apache2 restart
```

動作確認

1）ブラウザを立ち上げ，URL に「`http://localhost`」と入力する．先ほどと同じ画面が再表示されることを確認する．
2）ブラウザを立ち上げ，URL に「`http://localhost/phpinfo.php`」と入力する．先ほどと同じ画面が再表示されることを確認する．
3）「Apache Environment」の「Document ROOT」が「/home/pi/APP/html」に変更されていることを確認する．

12.2 Chart.js

(1) Chart.js のインストール

Web サイト上でデータの可視化を容易にできるツールとして，Chart.js とよばれる JavaScript のライブラリがある．Chart.js は，MIT ライセンスで利用できる．このライブラリを利用すると，折れ線グラフ，棒グラフ，円グラフ，レーダーチャート，鶏頭図（円グラフの一種），およびドーナツチャートの 6 種類のグラフを簡単に作成することができる．Chart.js のインストールの手順を以下に示す．

Chart.js のインストール

1）Chart.js の公式サイトにアクセスする．

```
https://www.chartjs.org/
```

2）「Get Started」ボタンをクリッし，Chart.js ページの「Installation」に記述されている「GitHub releases」をクリックする（図 12.5）．

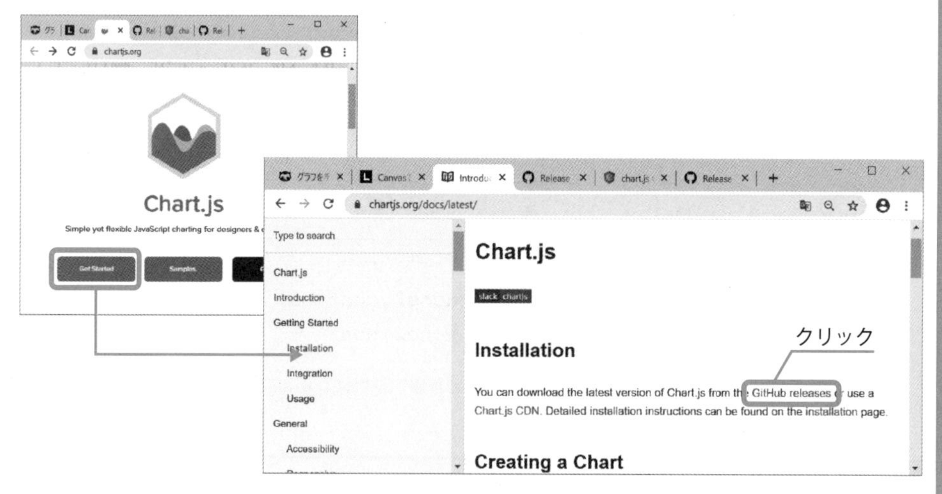

図 12.5　Chart.js のダウンロード

3）最新のダウンロード可能なライブラリが表示されるので，下部の「Source code (tar.gz)」をクリックする．

4) ダウンロードが始まり，ログインディレクトリの「Downloads」ディレクトリにGZファイルが得られるので解凍する．

```
cd
cd Downloads
ls
Char.js-2.9.3.tar.gz
tar -zxvf Char.js-2.9.3.tar.gz
ls
Char.js-2.9.3
```

！ バージョンは変更されるので読み替える

5) 解凍すると表12.1のような構造のファイルが得られる（一部）．

表12.1　Chart.jsのファイル構造

Chart.js-バージョン	dist	Chart.bundle.js
		Chart.bundle.min.js
		Chart.css
		Chart.js
		Chart.min.css
		Chart.min.js
	docs	
	samples	
	⋮	

6) Document Rootは，/home/pi/APP/htmlであるので，Chartディレクトリを作成し，その中に上記の「dist」と「samples」をコピーする．

```
cd
cd APP/html
mkdir Chart
cd Chart
cp –r /home/pi/Downloads/Chart.js-バージョン/dist dist
cp –r /home/pi/Downloads/Chart.js-バージョン/samples
samples
ls
```

(2) Chart.jsの動作確認

Chart.jsの利用方法は，ダウンロードした「samples」を参照する．ここでは，図12.6に示すように，時間ごとの温度と人感センサの反応回数が含まれるCSVファイル「selected_data.csv」からPHPのlinebar.phpによりデータを取得し，Chart.js用のデータを作成し，JavaScriptのlinebar.jsでブラウザにチャートを出力する．

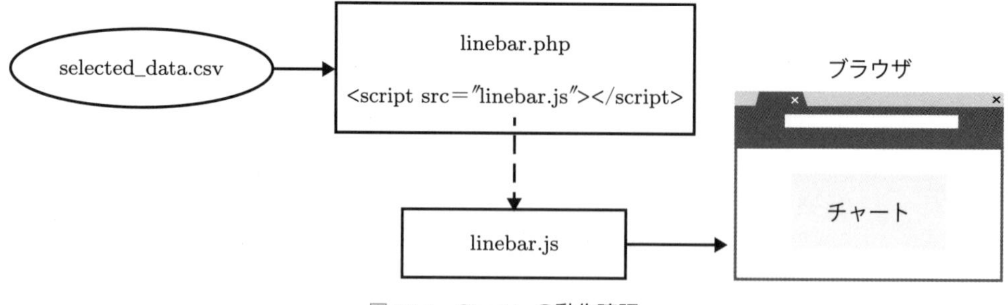

図 12.6　Chart.js の動作確認

以下のファイルとプログラムを /home/pi/APP/html の下に作成する．

● 入力ファイル

表 12.2 に，入力ファイルの例を示す．このファイルは以下のように書き込み可能としておく．

```
chmod a+w selected-data.csv
```

表 12.2　入力ファイルの例（selected_data.csv）

```
2020,02,21,00,1,8201338C,15.2,29,
2020,02,21,01,1,8201338C,18.7,1,
2020,02,21,02,1,8201338C,14.1,14,
2020,02,21,03,1,8201338C,17.6,16,
2020,02,21,04,1,8201338C,13.5,22,
2020,02,21,05,1,8201338C,12.7,13,
2020,02,21,06,1,8201338C,11.2,17,
2020,02,21,07,1,8201338C,16.0,1,
2020,02,21,08,1,8201338C,14.5,25,
2020,02,21,09,1,8201338C,10.5,6,
2020,02,21,10,1,8201338C,18.3,27,
```

● linebar.php

プログラム 12.1 に，linebar.js テストプログラム（PHP）を示す．「<!--」と「-->」で囲まれた部分はコメントである．このように，Chart.min.js はインターネットにアクセスして用いることもできる．本実習では，ダウンロードした Chart.min.js を用いる．

プログラム 12.1　linebar.js テストプログラム（linebar.php）

```
// linebar.php      (p12-1)

<?php session_start(); ?>

<html>
<head>
    <meta charset="UTF-8">
    <!--
    <script src="http://cdnjs.cloudflare.com/ajax/libs/Chart.js/2.3.0/Chart.min.js">
```

```
    </script>
    -->
    <script src="./Chart/dist/Chart.min.js"></script>
    <script src="linebar.js"></script>

    <title>chart of results</title>
</head>
<body>

<?php
  // 後でこの部分にデータベースからの検索結果を加える.
?>

<!-- ここにグラフが挿入される -->
<script type="test/javascript"></script>

<div>
    <canvas id="human-temp" styple="width:100%;height:auto;"></canvas>
</div>

  </body>
</html>
```

● linebar.js

プログラム 12.2 に，linebar.js テストプログラム（JavaScript）を示す．

プログラム 12.2 linebar.js テストプログラム（linebar.js）

```
// linebar.js      (p12-2)

function csv2Array(str) {  // csv から 2 次元配列変換関数
  var data = [];
  var lines = str.split("\n");
  for (var i = 0; i < lines.length; i++) {
    var s = lines[i].split(",");
    data.push(s);
  }
  return data;                  // 戻り値  2 次元配列
}

function drawChart(data) {  // 描画関数
  var h=[], temp=[], hcount=[];
  for (var row in data) {
    h.push(data[row][3]);
    temp.push(data[row][6]);
    hcount.push(data[row][7]);
  };

  var ctx = document.getElementById("human-temp").getContext("2d");

  var type = 'bar';
  var data = {
    labels:['00','01','02','03','04','05','06','07','08','09',
            '10','11','12','13','14','15','16','17','18','19',
            '20','21','22','23'],
    datasets: [
```

```
        {label:'HumanCount', data:hcount,backgroundColor:'red',
                                yAxisID:'human-axis' },
        {label:'Temperature', data:temp, type:'line', borderColor:'blue',
                                 borderWidth:2, fill:false},
      ]
    };

    var options = {
      title:{ display:true, text:'Monitoring Results', fontSize:25 },

      scales:{
        xAxes:[
          { display:true,
            scaleLabel:{ display:true,labelString:'Hour',fontSize:15 },
            ticks:{ fontSize:10 } }
        ],

        yAxes:[
          { scaleLabel:{ display:true,labelString:'Temperatue (deg)',
                         fontSize:15 },
            ticks:{ suggestedMin:-5,sugestedMax:35 },
            //id:'temp-axis',position:'right'
          },

          { scaleLabel:{ display:true,labelString:'Human detected (number)', fontSize:15 },
            ticks:{ suggestedMin:0,sugestedMax:55 },
            id:'human-axis', position:'right'
          },

        ],

      }

    } //(end options)

    var myChart = new Chart(ctx, {type:type, data:data, options:options});

  }

  function main() {  // main 関数

    var req = new XMLHttpRequest();         // XMLHttpRequest のインスタンス化
    var filePath = 'selected_data.csv';
    req.open("GET", filePath, true);
    req.onload = function() {               // onload イベント
      data = csv2Array(req.responseText);   // 2 次元配列
      drawChart(data);                      // 描画
    }
    req.send(null);                         // リクエストをサーバに送信
  }

  main();  // プログラムの起点
```

実行結果　ブラウザに URL「http://localhost/linebar.php」を入力すると，図 12.7 のように表示される．

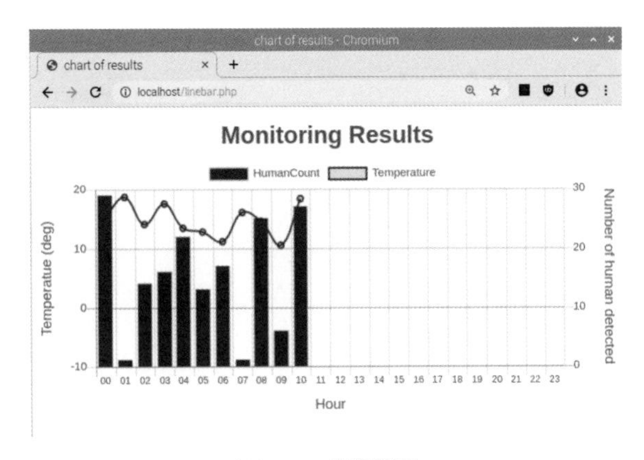

図 12.7　実行結果

12.3 データ公開

データ公開のフローチャートを図 12.8 に，プログラム cal.php と mychart.js をプログラム 12.3 とプログラム 12.4 に示す．

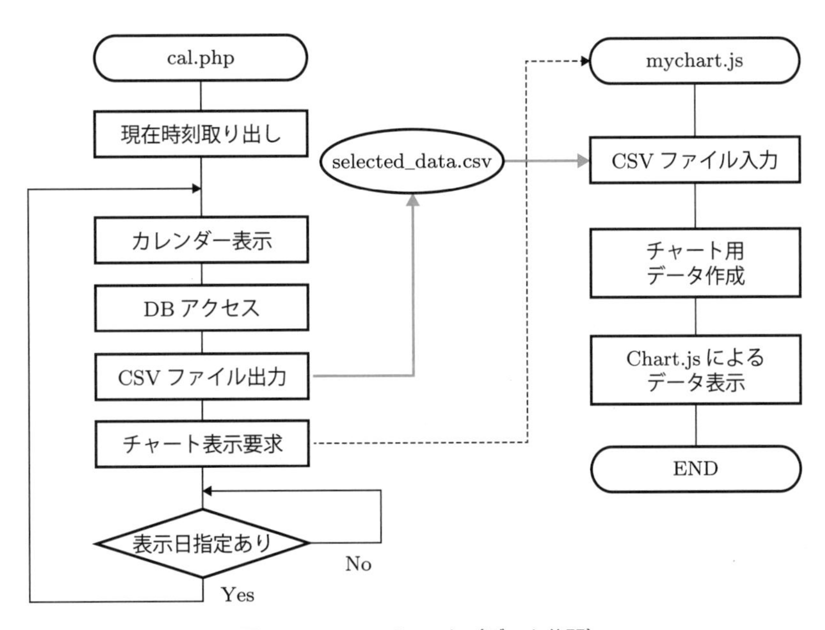

図 12.8　フローチャート（データ公開）

プログラム 12.3　データ公開プログラム（cal.php）

```
// cal.php      (p12-3)


<?php session_start(); ?>


<HTML>
<head>
    <meta charset="UTF-8">
```

```
    <!-- コメント開始
    <script src="http://cdnjs.cloudflare.com/ajax/libs/Chart.js/2.3.0/Chart.min.js">
    </script>
     コメント終了  -->
     <script src="./Chart/dist/Chart.min.js"></script>
     <script src="./mychart.js"></script>
     <title> Monitoring Results</title>
</head>

<BODY>

<?php

$time = time();               // 現在時刻取出し
$year = date("Y", $time);    // 年
$month = date("n", $time);   // 月
$day = date("j", $time);     // 日

$year0  = $year;
$month0 = $month;

$today = mktime(0,0,0,$month,$day,$year);  // 本日

$year2=@$_GET["year"];
$month2=@$_GET["month"];
$day2=@$_GET["day"];

if($year2!="" || $month2!="" || $day2!=""){
  if($year2!=""){ $year = $year2; }
  if($month2!=""){ $month = $month2; }
  if($day2!=""){ $day = $day2; }
  else{ $day = 1; }
  $time = mktime(0,0,0,$month,$day,$year);
}

$select_day = mktime(0,0,0,$month,$day,$year);  // 選択年月日
$num = date("t", $time);                        // 選択月の日数
$date = array('Sun','Mon','Tue','Wed','Thu','Fri','Sat');

if($month==1){ $year3 = $year-1; $month3 = 12; }
else{ $year3 = $year; $month3 = $month-1; }

if($month==12){ $year4 = $year+1; $month4 = 1; }
else{ $year4 = $year; $month4 = $month+1; }

print "<table border=2 width=200><tr><td colspan=7>";
print "<center>
  <a href=\"?year=$year3&month=$month3\">".$month3."  </a> ";
print " < [".$year.".".$month."] > ";

if($month < $month0 || $year < $year0)
  print "<a href=\"?year=$year4&month=$month4\">".$month4.
  "  </a> </td></tr> ";

print "
<tr>
```

```
<td><font color=red>Sum</font></td>
<td>Mon</td> <td>Tue</td> <td>Wed</td> <td>Thu</td> <td>Fri</td>
<td><font color=blue>Sat</font></td>
</tr>
";

for($i=1;$i<=$num;$i++){

  $print_today = mktime(0, 0, 0, $month, $i, $year);
  $w = date("w", $print_today);

  if($i==1){
      print "<tr>";
      for($j=1;$j<=$w;$j++){
          print "<td></td>";
      }
      $data = check($i,$w,$year,$month,$day,
                  $today,$print_today,$start_day,$select_day);
      print "<td>$data</td>";
      if($w==6){
          print "</tr>";
      }
  } else{
      if($w==0){
          print "<tr>";
      }
      $data = check($i,$w,$year,$month,$day,
                  $today,$print_today,$start_day,$select_day);
      print "<td>$data</td>";
      if($w==6){
          print "</tr>";
      }
  }

}
print "</table>";
print "<br>";

// 選択年月日
print "<h4>".$year.".".$month.".".$day." is selected.  </h4>";

$_SESSION["year"] =$year;    // PHP のスーパーグローバル変数への保存
$_SESSION["month"]=$month;   // 年, 月, 日 (連想記憶)
$_SESSION["day"]  =$day;

//------------------------------
select_data($year,$month,$day);  // データベースから選択日のデータの取り出し
//------------------------------

//----------------------------------------------------
function check($i,$w,$year,$month,$day,$today,
               $print_today,$start_day,$select_day){
//----------------------------------------------------

  if($print_today == $select_day){
      if(($print_today >= $start_day) && ($print_today < $today)){
```

```
            $change = "<font size=\"+2\">
            <a href=\"?year=$year&month=$month&day=$i\">$i</a></font>";
        } elseif($print_today == $today){
            $change = "<font size=\"+2\">
            <a href=\"?year=$year&month=$month&day=$i\">$i</a></font>";
        } else{
            $change = "<font size=\"+2\">$i</font>";
        }
    } else{
        if(($print_today >= $start_day) && ($print_today < $today)){
            $change = "<a href=\"?year=$year&month=$month&day=$i\">$i
            </a>";
        } elseif($print_today == $today){
            $change = "<a href=\"?year=$year&month=$month&day=$i\">$i
            </a>";
        } else{
            $change = "$i";
        }
    }
    return $change;
}

//------------------------------------------------
function select_data($year,$month,$day){  // データベースから選択日のデータ取り出し
//------------------------------------------------

    $year  = $_SESSION["year"]; //echo "## year = ".$year."<br>";
    $month = $_SESSION["month"];//echo "## month= ".$month."<br>";
    $day   = $_SESSION["day"];  //echo "## day  = ".$day."<br>";

    // fwrite -> selected_date.txt
    $y = $year;
    $m = $month;
    $d = $day;

    if($m<10) $m="0".$m;  // 月  2文字化（01,02,..,09）
    if($d<10) $d="0".$d;  // 日  2文字化（01,02,..,09）

    //echo $y.'/'.$m.'/'.$d.'<br>';

    $con = mysqli_connect('localhost','hit','hit','THT');  // MariaDBへ接続

    if(mysqli_connect_errno()){
        die("Fail to connect MySQL:". mysqli_connect_error(). "\n");
    }else{
        //echo "Success to connect MySQL.<br>";
    }

    $FROM = "'".$y."-".$m."-".$d." 00:00:00"."'";
    $TO   = "'".$y."-".$m."-".$d." 23:00:00"."'";

    $sql = "select date,lid,id,temp,hcount from thData "
          ."where date >=". $FROM." and date <=". $TO;  // sql作成
    //echo "sql=".$sql."<br>";

    if( $results = mysqli_query($con,$sql) ){         // sql実行
```

```
      //echo "Success to select from MySQL.<br>";  // 結果：results
      $fname = "./selected_data.csv";
      $f = fopen($fname,"w");                       // ファイルオープン

      foreach($results as $row){                // 結果の行ごとの処理
          //var_dump($row);echo "<br>";
          $date   = $row['date'];
          $d1 = explode("-",$date);
          $y = $d1[0]; // year                  // 年
          $m = $d1[1]; // month                 // 月
          $d = substr($d1[2],0,2); // day       // 日
          $d2 = explode(" ",$date);
          $h = substr($d2[1],0,2); // hour      // 時
          $lid    = $row['lid'];                // 論理デバイス ID
          $id     = $row['id'];                 // 個体識別番号
          $temp   = $row['temp'];               // 温度
          $hcount = $row['hcount'];             // 反応回数
          $s = $y.",".$m.",".$d.",".$h.","
                .lid.",".$id.",".$temp.",".$hcount.",\n";

          //echo $s."<br>";

          fwrite($f,$s);  // ファイル出力
      }
      fclose($f);         // ファイルクローズ
  }
  //echo "--------<br>";
}

?>

<script type="text/javascript"></script>
<div style="width: 550; height:500;">
    <canvas id="human-temp"></canvas>
</div>

</BODY>
</HTML>
```

プログラム 12.4　データ公開プログラム（mychart.js）

```
// mchart.js     (p12-4)

function csv2Array(str) {  // csv から 2 次元配列変換関数
  var data = [];
  var lines = str.split("\n");
  for (var i = 0; i < lines.length; i++) {
    var cells = lines[i].split(",");
    data.push(cells);
  }
  return data;                 // 戻り値　2 次元配列
}

function drawChart(data) {  // 描画関数
  var h=[], temp=[], hcount=[];
  for (var row in data) {
```

```
    h.push(data[row][3]);
    temp.push(data[row][6]);
    hcount.push(data[row][7]);
  };

  var ctx = document.getElementById("human-temp").getContext("2d");

  var type = 'bar';

  var data = {
    labels:['00','01','02','03','04','05','06','07','08','09','10',
            '11','12','13','14','15','16','17','18','19','20','21',
            '22','23'],
    datasets: [
      {label:'HumanCount', data:hcount, backgroundColor:'red',
       yAxisID:'human-axis' },
      {label:'Temperature', data:temp, type:'line',
       borderColor:'blue', borderWidth:2, fill:false}, ]
  };
  var options = {
    title:{ display:true, text:'Monitoring Results', fontSize:25 },
    scales:{
      xAxes:[
        { display:true,
          scaleLabel:{ display:true,labelString:'Hour',fontSize:15 },
          ticks:{ fontSize:10 } }
      ],
      yAxes:[
        { scaleLabel:{ display:true,
          labelString:'Temperatue (deg)',fontSize:15 },
          ticks:{ suggestedMin:-5,sugestedMax:35 },

        },
        { scaleLabel:{ display:true,
          labelString:'Number of human detected',fontSize:15 },
          ticks:{ suggestedMin:0,sugestedMax:55 },
          id:'human-axis', position:'right'
        },
      ],
    }
  } //(end options)

  var myChart = new Chart(ctx, {type:type, data:data,
                                options:options});

}

function main() {                     // main関数
  var req = new XMLHttpRequest();    // XMLHttpRequestのインスタンス化
  var filePath = 'selected_data.csv';
  req.open("GET", filePath, true);   // ファイルオープン

  req.onload = function() {                 // onloadイベント
    data = csv2Array(req.responseText);   // 2次元配列
    drawChart(data);                        // 描画
  }
```

```
  req.send(null);  // リクエストをサーバに送信
}

main();  // プログラムの起点
```

実行結果 ブラウザに URL に「`http://localhost/cal.php`」を入力すると，図 12.9 のように表示される．

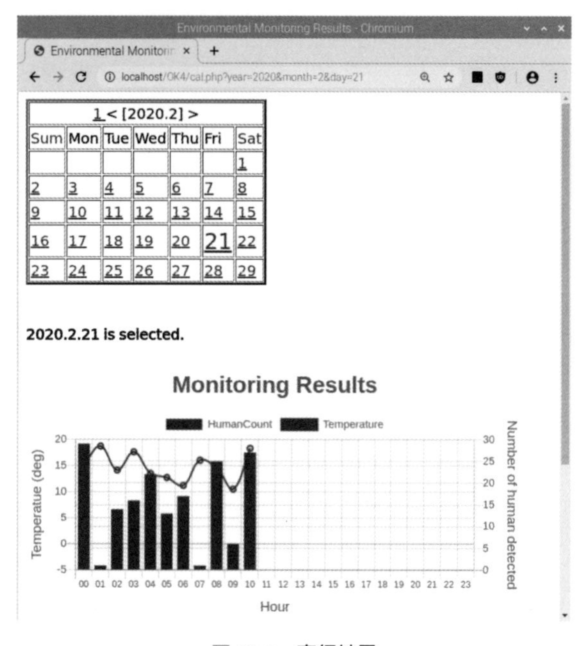

図 12.9 実行結果

12.4 システムの組み合わせ総合テスト

さて，いよいよサブシステムごとに開発したソフトウェアを，一つの親機とする Raspberry Pi に移植して環境データ監視システムを完成させる．表 12.3 に親機のディレクトリ構成を示す．図 12.10 にそのイメージを示す．

表 12.3 ディレクトリ構成

/home/pi/APP/dataAquisition.py
dataSave.py
display.py
cal.php
mychart.js

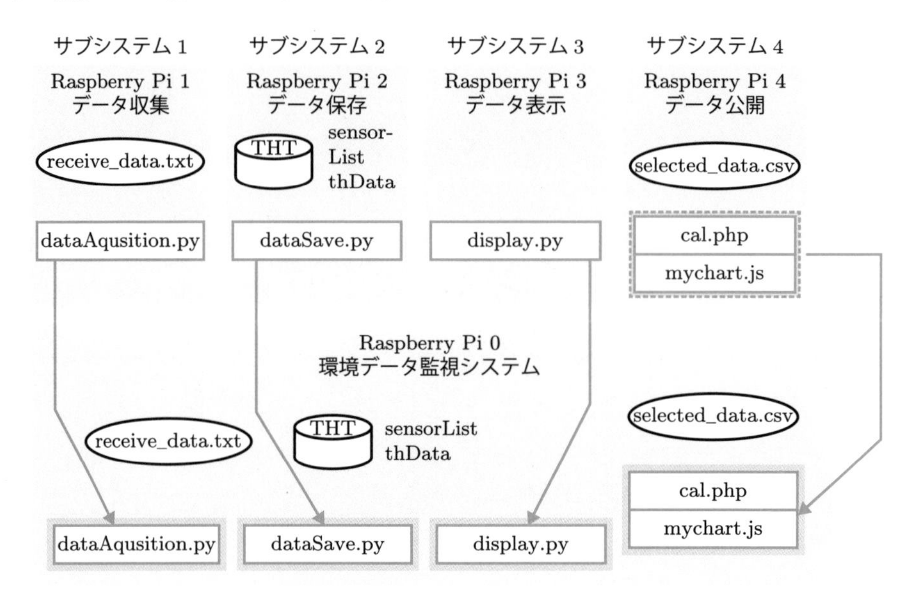

図 12.10　親機の Raspberry Pi へのソフトウェアの移植

(1) 組み合わせテスト

以下のように組み合わせテストを実施する．

準備

1) プロジェクトリーダは，親機となる Raspberry Pi に必要なソフトウェアをインストールする．また，必要となるファイルやデータベースのテーブルなどを作成する．
2) 各サブシステムリーダは，親機となる Raspberry Pi に開発したソフトウェアを移植する．

各収集サブシステムの動作確認

1) データ収集サブシステムを起動し，受信ファイル（receive.txt）にデータが入ることを確認する．

```
python3 dataAquisition.py
cat receive.txt
```

2) データ保存サブシステムを起動し，データベースにデータが入ることを確認する．この処理は，毎時 55 分に実施されるので，56 分以降に確認する．

```
python3 dataSave.py
mysql -u hit -p
Enter password: パスワード
> use THT;
> select * from thData;
>quit;
```

データベースへのデータの挿入が確認されたなら，dataSave.py のログファイルへの出力処理をコメントアウトして，データ保存サブシステムを再起動する．

```
Cntl+C で停止
python3 dataSave.py
```

3）データ表示サブシステムを起動し，画面にデータが表示されることを確認する．

```
python3 display.py
```

4）ブラウザを起動し，以下の URL を入力して，ブラウザ上にデータが表示されることを確認する．

```
http://localhost/cal.php
```

親機の IP アドレスを調べ，同一ネットワークに接続しているノート PC などから上記と同一のテストを行う．

```
ifconfig
...
inet XXX.XXX.XXX.XXX
```

以下の URL を入力して，ブラウザ上にデータが表示されることを確認する．

```
http:// XXX.XXX.XXX.XXX/cal.php
```

過去データの表示

1）「環境データ監視システム」を数日間動作させ，データベースに過去のデータを蓄積させる．
2）「データ表示サブシステム」を用いて，過去データが表示されることを確認する．
3）「データ公開サブシステム」を用いて，過去データが表示されることを確認する．

(2) 総合テスト

以下のように総合テストを実施する．

準備

1）プロジェクトリーダは，Raspberry Pi の起動時に「環境データ監視システム」が自動的に起動するようにする．自動起動にはいろいろな方法があるが，ここでは autostart を用いることにする．なお，OS のバージョンにより，自動起動の方法が変更されているので注意が必要である．
2）autostart ファイルを編集する．

```
cd
cd .config

mkdir lxsession
```

```
cd lxsession
mkdir LXDE-pi
cd LXDE-pi

cp /etc/xdg/lxsession/LXDE-pi/autostart .

vi autostart
```

3）最下行に，以下を入力する．

```
/home/pi/start.sh
```

4）次に，ログインディレクトリの start.sh を編集する．

```
cd
vi start.sh
```

5）以下を入力し，実行可能属性を与える．

```
Lxterminal –geometry=60x8 –e "python3 /home/pi/APP/
dataAquisition.py" &
echo "dataAquisition started!"

Lxterminal –geometry=60x8 –e "python3 /home/pi/APP/
dataSave.py" &
echo "dataSave started!"

Lxterminal –geometry=60x8 –e "python3 /home/pi/APP/
display.py" &
echo "dispaly started!"

chmod a+x start.sh
```

6）再起動する．

```
sudo reboot
```

総合テストの実施

1）「環境データ監視システム」が起動されていることを確認する．
2）「データ表示サブシステム」を用いて，データが表示されることを確認する．
3）「データ公開サブシステム」を用いて，データが表示されることを確認する．

演習問題1　「環境データ監視システム」を複数の子機に対応できるように拡張する方法を，以下のような手順で検討せよ．

（ヒント）データベースには複数の子機にも対応できるように sensorList テーブルを準備してあるので，そのテーブルを使用する．

① プロジェクトリーダは，システムを拡張する方法について，各サブリーダがまとめた案を構成員に提示し，各案のメリットとデメリットについて議論させ，最良の方法を決定せよ．

② 可能であれば，上記で決定した方法を用いてシステムを拡張せよ．

演習問題 2　本実習のまとめとして，以下の内容の報告書をまとめよ．また，付録にはプレゼン資料（スライド 10 枚程度）を付けよ．

① システム概要

② タスクファイル相関図

③ センサ

④ データ収集

⑤ データ保存

⑥ データ表示

⑦ データ公開

⑧ システム総合試験

⑨ 拡張システム（可能であれば）

⑩ まとめ

⑪ 付録

A.1 基本的なLinuxコマンド一覧

基本的なLinuxコマンドを表A.1に示す．使用方法は，コマンド「man」で調べられる．

表A.1　基本的なLinuxコマンド

コマンド	説　明
cal	カレンダーを表示する
cat	ファイルの内容を表示する
cd	カレント・ディレクトリを変更する
chmod	ファイルやディレクトリのパーミッションを変更する
clear	画面をクリアする
cp	ファイルやディレクトリをコピーする
date	現在の時刻を表示／設定する
df	ディスク使用量を調べる
echo	文字列や変数の値を表示する
exit	ログアウトする
history	コマンドの履歴を表示する
jobs	バックグラウンドジョブを表示する
kill	プロセスまたはジョブを終了する
ls	ファイル・ディレクトリ情報を表示する
man	コマンドのマニュアルを表示する
mkdir	ディレクトリを作成する
mv	ファイルの移動／ファイル名を変更する
netstat	現在のネットワーク状況を表示する
passwd	パスワードを変更する
ping	ホストとの接続を確認する
ps	実行中のプロセスを表示する
pwd	カレント・ディレクトリを表示する
rm	ファイルやディレクトリを削除する
rmdir	ディレクトリを削除する
vi	テキストファイルを編集する
wc	テキストファイルの大きさを調べる
which	コマンドのパスを表示する

A.2 vi の使い方

プログラム A.1 に示す helloWorld.py を例題として，ソースファイルの作成方法を示す．

プログラム A.1　例題（helloWorld.py）

```
# helloWorld.py

def main():
  print("Hello world Python!")

if __name__== "__main__":
  main()
```

Vi の使い方

1）エディタを起動する．

```
vi helloWorld.py
```

2）インサートモードに変更：　Esc i

3）プログラム A.1 のようにソースコードを入力していく．入力ミスの場合の修正方法等は以下のとおり．

- ●矢印キーでカーソルを移動
- ●1 文字消去：　Esc x
- ●1 文字変更：　Esc r として，変更文字入力
- ●カーソルの位置から文字列を追加：　Esc i として，追加文字列入力
- ●カーソルの次の位置から文字列を追加：　Esc a として，追加文字列入力
- ●カーソルの次の行に文字列を追加：　Esc o として，追加文字列入力
- ●1 行消去：　Esc dd
- ●操作の取り消し：　Esc u（ただし，直前の操作のみ）
- ●書き込み終了：　Esc :wq!
- ●書き込まないで終了：　Esc :q!

4）以下のように入力して実行する．

```
python helloWorld.py
```

実行時のエラーが出れば，行番号とエラー内容を見て，ソースコードを修正する．

付録

参考文献

[1] 金丸隆志：カラー図解 最新 Raspberry Pi で学ぶ電子工作，講談社（2016）

[2] 永田武：Python によるアルゴリズムとデータ構造の基礎，コロナ社（2020）

[3] 今井一雅：Raspberry Pi Zero による IoT 入門，コロナ社（2017）

[4] Japanese Raspberry Pi Users Group：Raspberry Pi［実用］入門，技術評論社（2013）

[5] 林和孝：Raspberry Pi で遊ぼう！改訂第 4 版，ラトルズ（2015）

[6] 太田一穂，岡嶋和弘，西村良太，樋山淳：ここまで作れる！ Raspberry Pi 実践サンプル集，マイナビ出版（2017）

[7] Robert Faludi（著），小林茂（監訳），水原文（訳）：XBee で作るワイヤレスセンサーネットワーク，オライリージャパン（2011）

[8] 大澤文孝：TWELITE ではじめるカンタン電子工作，工学社（2018）

索　引

著 者 略 歴

永田　武（ながた・たけし）

1980 年　広島大学大学院工学研究科修了
1980 年　株式会社東芝
1989 年　特種情報処理技術者
1989 年　国立松江工業高等専門学校講師・助教授
1995 年　博士（工学）取得（広島大学）
1997 年　広島工業大学工学部助教授
2001 年　広島工業大学工学部教授
2006 年　広島工業大学情報学部教授
　　　　　現在に至る

編集担当　富井　晃（森北出版）
編集責任　藤原祐介（森北出版）
組　　版　双文社印刷
印　　刷　丸井工文社
製　　本　　同

Raspberry Pi による
IoT システム開発実習
センサネットワーク構築から web サービス実装まで

2020 年 10 月 26 日　第 1 版第 1 刷発行
2021 年 9 月 21 日　第 1 版第 2 刷発行

著　　者　永田　武
発 行 者　森北博巳
発 行 所　森北出版株式会社
東京都千代田区富士見 1－4－11（〒102－0071）
電話 03－3265－8341／FAX 03－3264－8709
https://www.morikita.co.jp/
日本書籍出版協会・自然科学書協会　会員
JCOPY ＜（一社）出版者著作権管理機構 委託出版物＞

落丁・乱丁本はお取替えいたします.

Printed in Japan／ISBN 978－4－627－85571－7

MEMO

MEMO

MEMO

MEMO

MEMO